JN153930

科学実験対決漫画

実験対決

㊿ 宇宙の対決

科学実験対決漫画

実験対決

㊿ 宇宙の対決

文：ストーリーa.　絵：洪鐘賢

目次

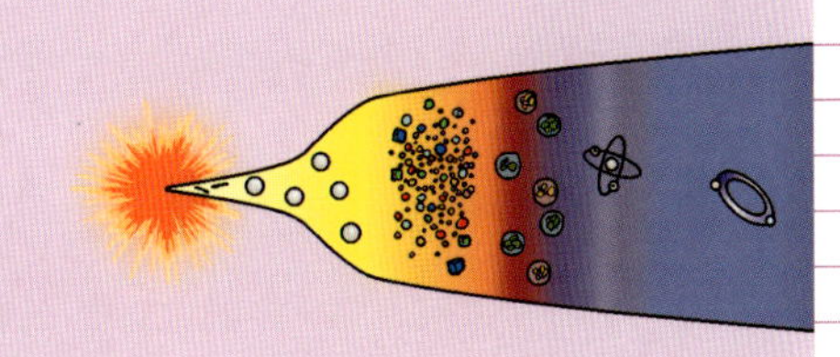

登場人物

ウジュ

所属：韓国代表実験クラブBチーム

観察内容・実験をする姿が、夜空で特に明るく輝く1等星のようにキラキラしている少年。

・自分なりの考え方で、実験のヒントとなるアイデアを提案する。

観察結果：不利な対決であっても、実験に対する熱い情熱を失わない。

ラニ

所属：韓国代表実験クラブBチーム

観察内容・最後になるかもしれない対決に心を込めて臨む。

・人を愛するのと同じくらい自分自身を愛せる少女。

観察結果：何でも吸い込んでしまうブラックホールのようにチームメイトの心を1つに集める才能を持っている。

ウォンソ

所属：韓国代表実験クラブBチーム

観察内容・チームのために勇気ある選択をするリーダー。

・卓越した知性でチームの知的レベルを一段と成長させる。

観察結果：自分自身のビッグバンを完成させるために、人知れず意志を固める。

ジマン

所属：韓国代表実験クラブBチーム

観察内容・実験の過程で自信を持って自分の意見を言える少年。
・チームメイトたちと実験を愛する強い心を持っている。

観察結果：国際実験オリンピックを通じて、ワンランクアップした情報力を身につけた。

トーマス

所属：アメリカ代表実験クラブチーム

観察内容・観客を驚かせるほどの飛び抜けた実験の実力を持つリーダー。トムの愛称で呼ばれている。
・国際実験オリンピックで重要なのは、優勝だけだと思っている。

観察結果：大会当初と違って、一段と成長したライバルを見て危機感を覚える。

その他の登場人物

❶ 目に見えないプレゼントを持ってきたチョン・ジェウォン。

❷ 徹夜で準決勝のライブ中継を視聴するセナ。

第1話 奇跡を願わざるをえない対決

72.6
ド

83
ドーン

72.5
83
よって１回目の対決は……。
72.5点対83点でアメリカチームの勝利です！
アメリカチームは遺伝子のハサミを使った実験で新たな生命の誕生を見せてくれた。

シーン……
韓国Bチームは、
無機物から有機物を
作る実験で最初の生命の
発生を見せてくれた。

じゃ……、
ボリ

2回目の対決があるけど点差が……。
どうなるんだろう？

両チームとも難易度が高い実験だったけど……。韓国Bチームの実験結果は1週間後じゃないと確認できない。

ガラ
ガラ
あっ!!
2回目の対決が始まる！

今から２回目の対決の
テーマを発表します。

対決のテーマは
「進化した変化」です。
ここに各チームにつき
10個のピンポン球が
用意されています。
各チームは、
用意された10個の
ピンポン球に、進化した
変化を起こして
ください。
対決は……。
まだ終わってない！

ただし、各チームは
1回目の対決の実験に関連した
実験をしなければならず、点数は
ピンポン球1個につき1点、
計10点満点です。
進化した……、
変化!?
ゴクッ
あ……。
スーッ

クルッ
聞いたかい? 2回目の
対決テーマが、僕らの1回目の
実験とピッタリだよ!
ついてる!

どういうこと？
ピッタリって……。

僕らの１回目の実験が無機物から有機物を作ることだとわかってて言ってるのか？

ひょっとしてピンポン球が有機物に変わる、みたいな実験があるってこと？
ピンポン球
パタ
パタ
自分で言ってても何か変だ……。

No～ No～
ポイントは時間！ まず僕らの実験は、一定の時間が経たないと結果が確認できない……。無機物から有機物が作られるには長い時間がかかるから！ このピンポン球も、長～い時間が経てば分解されるハズ！

僕たちは時間を支配したチームとして記憶されるハズだ。
フフフ
ニュース速報
韓国Ｂチーム、時間がかかる実験を選択！目先の勝利より、もっと先の勝利を見据える！
衝撃特ダネ
韓国Ｂチーム、準決勝で放心状態！（特に、ウジュ）
スゴく素敵だろ？
あっ……。
さあ……。僕はそう思わないけど。

どこまで
話してたっけ？
まずピンポン球を
利用して……。
えっ？

みんな、僕の話が理解できなかったの？
ピンポン球が分解されると
有機物の材料になるんだぞ～！
ニュッ

有機物の材料？
コクッ

よく考えてみなよ。有機物である僕たちの体を構成する材料は、無機物である地殻を構成する材料と似ているだろ。
人体構成元素
酸素　約65%
炭素　約18%
水素　約10%
窒素　約３%
カルシウム　約1.5%
リン　約１%
その他　約1.5%
地殻構成元素
酸素　約46%
ケイ素　約28%
アルミニウム　約８%
鉄　約６%
カルシウム　約４%
ナトリウム　約2.3%
マグネシウム　約2.3%
カリウム　約2.1%
その他　1.3%
そうだね。確かに似てる……。
でも、それがどうしたの？

＊ウジュ：韓国語で「宇宙」と「ウジュ」は同じ発音です。

地球の誕生（原始地球）
約46億年前
約46億年前に誕生した地球も、そして地球に現れた最初の生命体と人類も、どれも約138億年前に誕生した宇宙の歴史から始まったんだよね。
地球初の人類
約200万年前
地球初の生命体
約40億年前
宇宙の誕生
約138億年前

え？ 地球と宇宙って同時にできたんじゃなかったの？
ポリ
じゃ、地球は宇宙ができてから作られたの？
そうだよ。地球は他の星が消えて残った元素で作られたんだ。
他の星がなぜ消えるんだ？

超新星爆発は他の星の誕生と関連があるよね！
あっ！超新星爆発のことだね？
ポカン
コクッ

超……
新……
星……？
一体何を言ってるんだ？ 宇宙に１人で取り残された気分だ……。
じゃ、この実験はどう？
ピンポン球でできるかな？

新しい宇宙だって？ それなら……。
まさかブラックホールのこと言ってるの!?
オオ〜

できると思う！ 星が消えて残った材料で他の星が誕生するから！
それにその星たちが集まって新しい宇宙になるし！

汗汗
ココはどこ……。私は誰？

超新星爆発でできたブラックホールは、強い重力ですべてを吸い込むでしょ。それに、ワームホールという仮想通路で、すべての物質を吐き出すホワイトホールとつながってるかもしれない。
ブラックホール
ワームホール
ホワイトホール
ブラックホールはアインシュタインの相対性理論に基づいている。もちろん、まだ完璧に立証されてはいないけど……。
強い重力場の中では時間が遅くなるんだ。
その原理によればブラックホールは存在しうるよ。
ワームホールがあれば時間旅行だってできる！
アインシュタイン
シュワルツシルト
ジョン・ホイーラー
ブライアン・グリーン
相対性理論を数学的に解けばワームホールも存在しうるんだ。
ウワー！
それを実験で表そうってことだね!?
ドキ
ドキ
スーッ
そう！ウジュの言う通り、ブラックホールを利用して時間を移動する実験よ。

ウジュ、
よくやった。
サッ
やってみよう。
うん！

ハハッ……
僕がそんなこと
言ったのか……。
ゴオオォォ

実験の手順を
まとめましょう。
ピンポン球の
重さが……。
オオ～！
十分に可能性が
ありそう。
ウワアァ～
ブラックホール
相対性理論
ワームホール
時間旅行
自分で
言ったことなのに、
どうして僕だけ理解
できていないんだ～！！

……。
ピンポン球の形を変化させる方が有利そうね。
そうね。遺伝子のハサミの意味もあるし……。
僕はピンポン球を持ってくるよ。
了解！
頼んだ。
トム……、トム!!
聞いてるの？
え？
ああ、ごめん。聞いてなかった。
ちょっと……。
1回目の対決で勝ったからって油断しすぎじゃない？

実験道具は
僕が持ってくる。
クルッ
待って！
何の実験をするか、
まだ決めてないよね？
まずは一緒に
話し合うのが先だろ。

イヤ、
今はその時間じゃない。
どうして！?
スタ
スタ

スタ スタ
今はあいつらが負けを
認める時間だ！
何なの？
さあ
……？
ザッ
ザッ

スタ スタ
ヒソ ヒソ
韓国Bチームが準決勝で勝つにはどうしたらいい？
ヒソ
ヒソ
さあ……。無理なんじゃない？

1回目の対決で、韓国Bチームは72.5点、アメリカチームは83点を獲得。

2回目の対決で、韓国Bチームが10点満点を獲得したとしても……。

韓国Bチーム
アメリカチーム
72.5
83
韓国Bチームが勝つには……。
奇跡が起きなきゃだね！
……何？
ピタッ
フッ

ハッキリ負けが見えているのに、浮かれてるね。
ニヤッ
わからない？君らが勝つには奇跡が起きるしかないんだ。
ピタッ
トム！
フッ
サッ
奇跡……。そういえばトム、君さ……、
ジマン、早く行ってウジュを連れてきて。
ん？あっ！
ザァァ

怖がってるだろ？ なんで？ 奇跡が起こると思って緊張してる？ 確かにウチのチームは奇跡専門ではあるよね～！
フッ

どこ行くんだ？ まさか逃げるのか～い？
ベロ
ベロ
クルッ

ザワ
ザワ
あいつは僕が思ってた以上にずっとバカだ。
だからなんでちょっかい出したの？
ヤ～イヤ～イ！ 怖いからって逃げるの？ 待ってろよ。 僕たちの奇跡を～!!
ベロ
ベロ～
スタ
スタ
あぁ、恥ずかしい……。
し、知らんぷりしよう。

実験 タイムカプセル作り

その時代の記録物やモノを入れて、未来へのメッセージや文化を後世に伝えるために作った容器を「タイムカプセル」といいます。主に腐食しにくい特殊合金で作られ、地中など長期保存に適した場所に保管します。フィルムケースを使った簡単な実験を通して、タイムカプセルについて調べてみましょう。

準備する物　錐、フィルムケース、ゴム粘土、便せん、ストラップ、鉛筆

❶ 錐でフィルムケースのふたに穴を2つ開けて、ストラップを結びます。

❷ 便せんに、タイムカプセルに入れる文章を書きます。

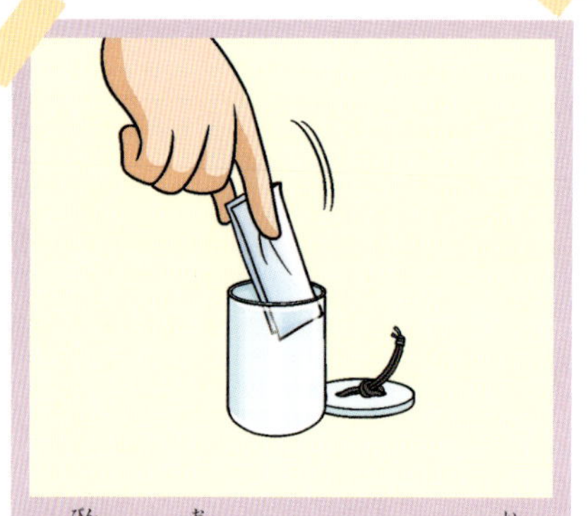

❸ 便せんを折ってフィルムケースに入れます。

❹ ゴム粘土でフィルムケースを完全に包み込みます。

注）❶の作業をする際は、錐が手に刺さらないように気をつけましょう。

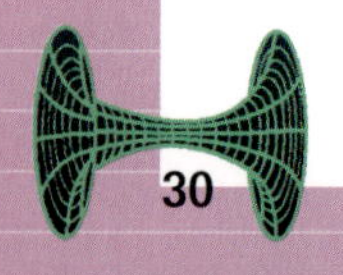

❺ 完成したタイムカプセルを地中に埋めたり、好きな場所に保管したりします。

どうしてそうなるの？

タイムカプセルの始まりは、1939年のニューヨーク万国博覧会のとき、深さ15mの地中に埋められた細長い円筒ロケット形のタイムカプセルだと言われています。容器は腐食を防ぐために銅にクロムなどを混ぜた特殊合金で作られ、その中には当時の電気カミソリや生活用品、新聞、映画のフィルム、百科事典などを撮影したマイクロフィルムなどが入れられました。このタイムカプセルは、万博から５千年後の6939年に開封される予定です。

人間が人為的に残したタイムカプセルの他にも、タイムカプセルの役割を担うものがあります。それは遺跡や遺物、隕石、小惑星などです。特に、1969年にオーストラリア南東部に落ちた隕石からは約50億～70億年前に生成されたと見られる宇宙塵が発見されました。地球が形成された約46億年前より、24億年も古い宇宙塵によって、約70億年前には星が活発に誕生していたと推論することができました。近年、アメリカ航空宇宙局（NASA）では、太陽系の形成と宇宙の進化過程、有機物に対する秘密を解くため、小惑星の探査を続けています。

小惑星の想像図

第2話 星の死と新たなスタート

ザッ
トム、ちょっと待って。
これ片付けたら手伝うから。
トン

イヤ、いいよ。2回目の対決は僕がやっとくから、君たちは休んでて。
ヒュッ

休めって？
1人で実験をする
つもりなの？

今日は思ったより
エネルギーをムダ遣い
しただろ。だから
座って休んでなって。
サッ

ピタッ
どうせ2回目は
チームワーク点も
ないから、安心して。

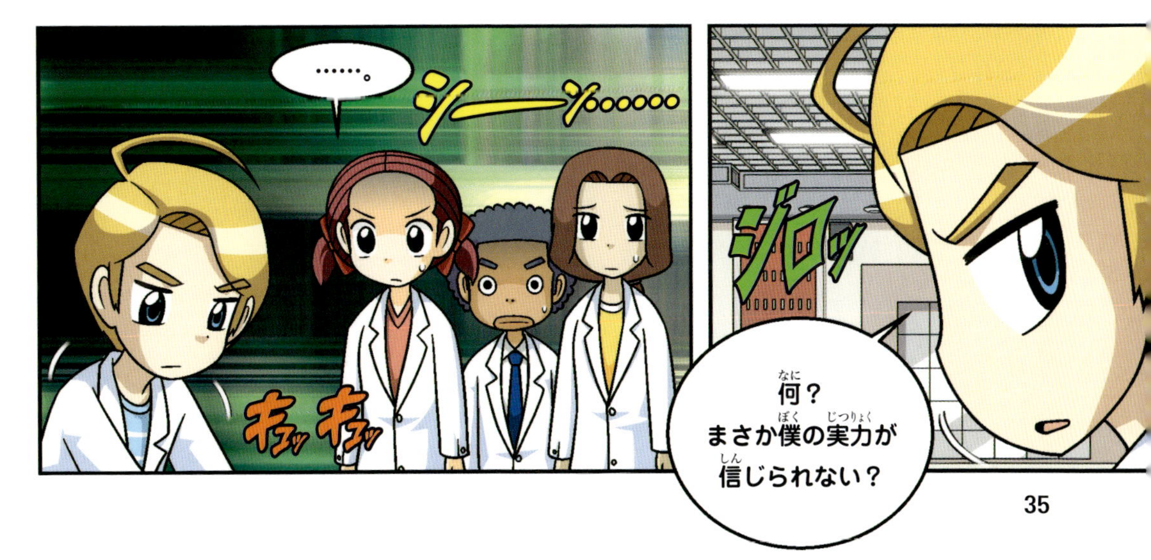
……。
シーーン……
キュッ キュッ
ジロッ
何？
まさか僕の実力が
信じられない？

信じられない？トムこそ私たちを信じられないんじゃないの？

もう知らない。トムがああなのは1度や2度じゃないし。

どうしたんだ、トム。少なくとも対決でこんなことは一度もなかっただろ？
ハァ

僕が夢見てきたチームはもうない。完璧なチームはこの世に存在しない！
正直言って、君たちが今まで僕についてきたのは優勝するためだろ。優勝させてあげるから休んでなって。
何だと！？
サッ

チームワーク点が
ないならトムに
任せるわ……。
じゃ、僕は座って
待ってるよ。
もういいわ。
1人でやって。
ヒュッ

フワ
そう。これが僕の
チームさ。一度も1つに
なったことはなかった。
でも……。
フワ
優勝してやるんだ。
絶対……！
フワ

＊ベルヌーイの定理：液体や気体に対し、エネルギー保存の法則が成立することを示した定理。

そのピンポン球は恒星でも惑星でも衛星でもないんだ。

宇宙には恒星と惑星、衛星、星間物質などいろんな物体が存在する。それに、それぞれ大きさや質量などが違うんだ。
太陽
地球
月
星間ガス、固体微粒子など
恒星
自ら光を放つ星。
惑星
恒星の周囲を回る天体。自ら光を放たない。
衛星
惑星の周囲を回る天体。
星間物質
星と星の間に浮かぶ希薄な物質。
知らなかったくせに。
そ、そんなこと知ってるよ。

同じ恒星だとしても質量は異なるんだ。質量が大きい恒星であるほど寿命が短いんだよ。
え……？
ベテルギウス
アンタレス
リゲル
太陽
アルデバラン

恒星の一生もすべて同じではないんだ。
ええ？
何……???

ドヤッ
ああ〜、知ってる！それに恒星が輝くのは水素の核融合反応のせいだよね？中心部の水素を燃やし尽くすと恒星は一生を終えるよね。
水素
H
ヘリウム
He
光

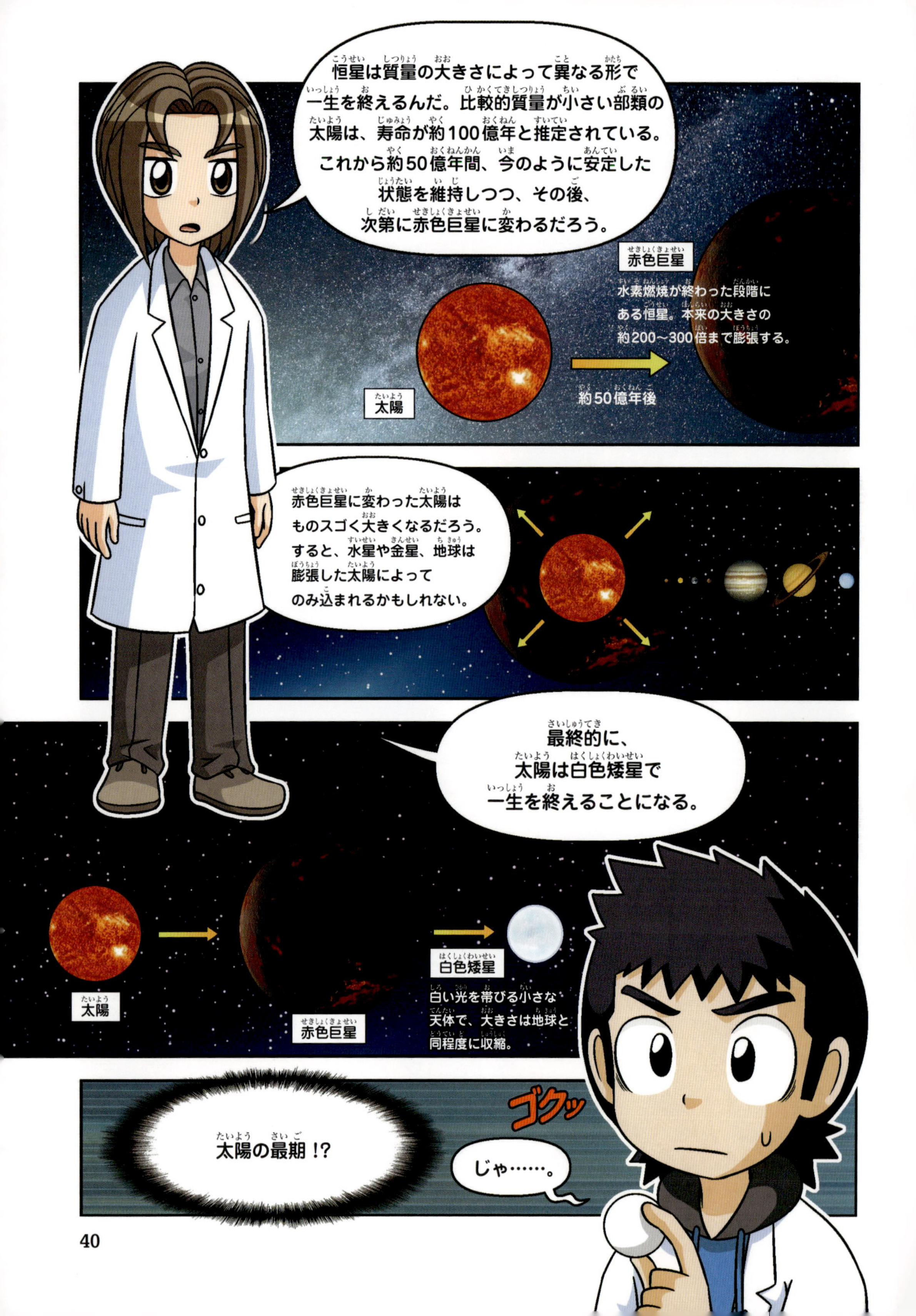
恒星は質量の大きさによって異なる形で一生を終えるんだ。比較的質量が小さい部類の太陽は、寿命が約100億年と推定されている。これから約50億年間、今のように安定した状態を維持しつつ、その後、次第に赤色巨星に変わるだろう。
赤色巨星
水素燃焼が終わった段階にある恒星。本来の大きさの約200～300倍まで膨張する。
太陽
約50億年後
赤色巨星に変わった太陽はものスゴく大きくなるだろう。すると、水星や金星、地球は膨張した太陽によってのみ込まれるかもしれない。
最終的に、太陽は白色矮星で一生を終えることになる。
太陽
赤色巨星
白色矮星
白い光を帯びる小さな天体で、大きさは地球と同程度に収縮。
ゴクッ
じゃ……。
太陽の最期!?

質量の大きい恒星はどうやって一生を終えるんだ？
白色矮星にならずにそのまま爆発してしまうのさ。ただ、その前に太陽のように赤色超巨星に変わるんだ。
その後、ものスゴいエネルギーを出して急激に爆発してしまう。
質量が大きな星
赤色超巨星
宇宙で体積が最も大きい恒星。表面温度が低いため赤色を帯びる。
超新星爆発
質量の大きい星の最後の進化段階で、急激な爆発を起こす。
これを超新星爆発っていうんだ。
コクッ
超新星爆発……！

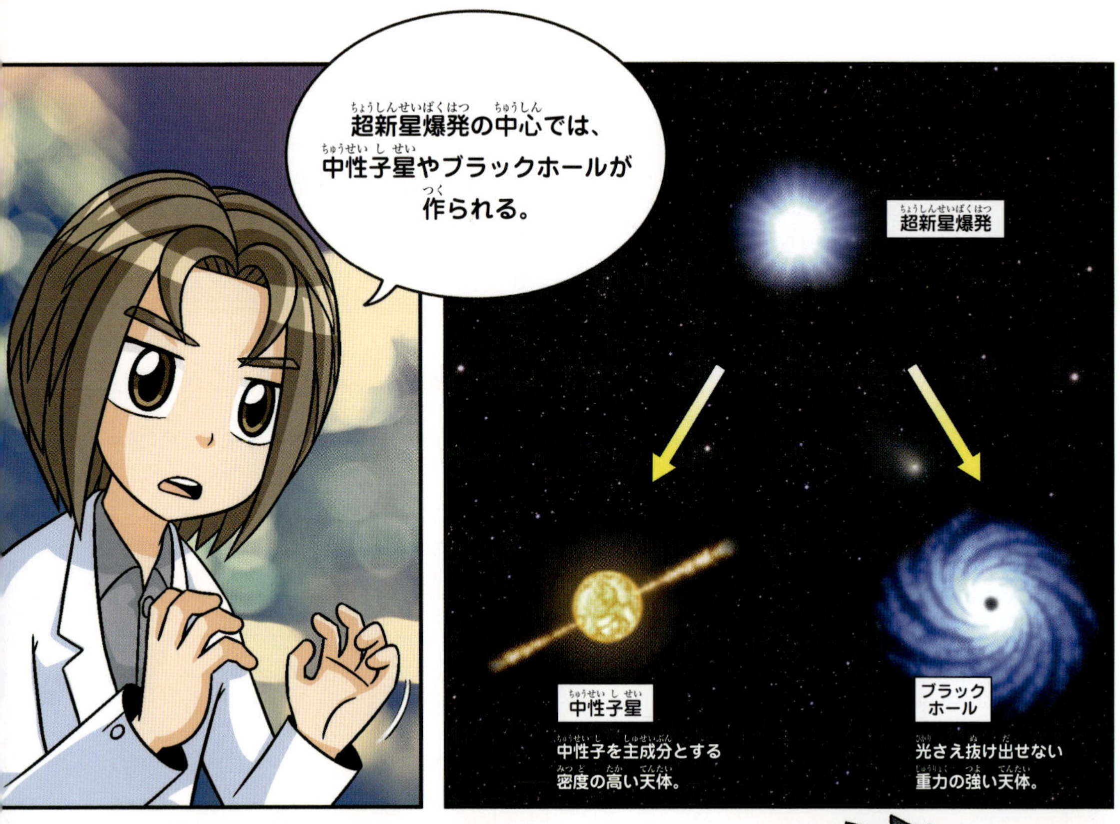
超新星爆発の中心では、
中性子星やブラックホールが
作られる。
超新星爆発
中性子星
中性子を主成分とする
密度の高い天体。
ブラックホール
光さえ抜け出せない
重力の強い天体。

待って！
それなら……。
エッヘン
超新星爆発で
ブラックホールができるって
ことさ。僕たちは実験で
そのブラックホールを
作ろうとしてるんだ。

そのピンポン球は
「新たな始まり」よ。
え？

じゃ、この
ピンポン球は
何？
そ、それは
……。
何て
書く？

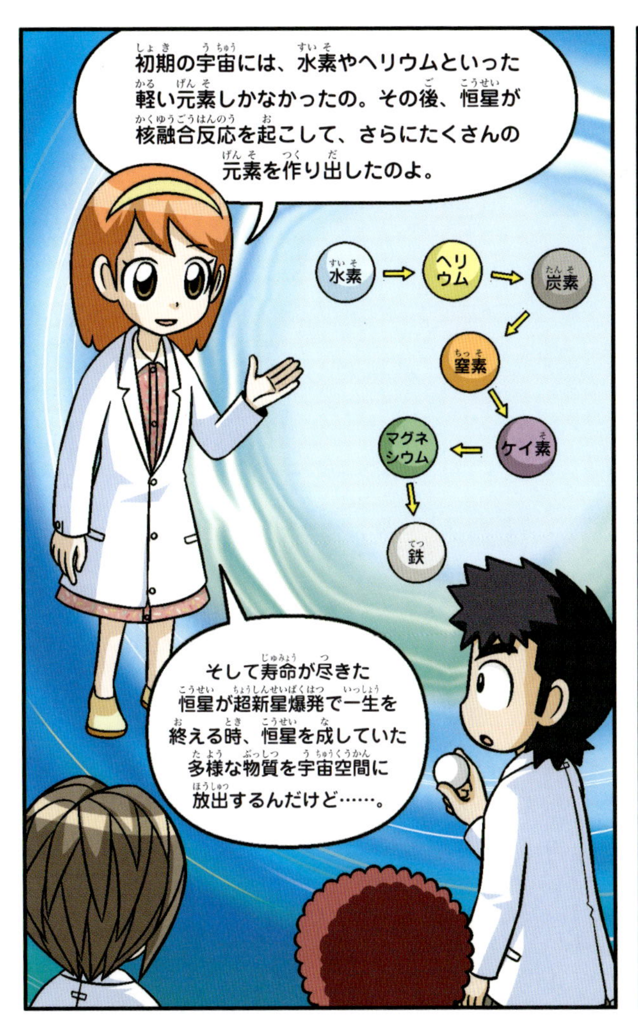
初期の宇宙には、水素やヘリウムといった軽い元素しかなかったの。その後、恒星が核融合反応を起こして、さらにたくさんの元素を作り出したのよ。
水素
ヘリウム
炭素
窒素
ケイ素
マグネシウム
鉄
そして寿命が尽きた恒星が超新星爆発で一生を終える時、恒星を成していた多様な物質を宇宙空間に放出するんだけど……。

この物質が集まって新しい星が誕生するのよ。
超新星爆発で新しい星が誕生する……。
じゃ、このピンポン球は……。

「星の死体」って書けばいいのか。
フム
サラッ
今まで何を聞いてたんだ！ それは星間物質だって!!
ガラッ
ハハッ

星間物質！
ガタン……
ピタッ

あいつら……。
本当に最後まで現実がわかってないのか！

ハッキリ見せてやる。僕の実力を……!!
ドク
ドク

ドン
液体窒素？

スーッ

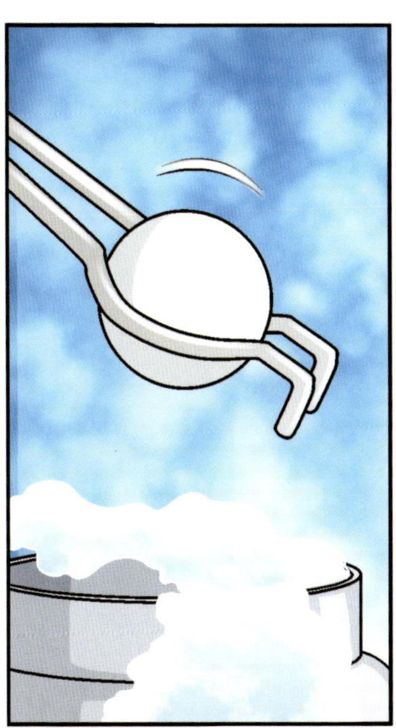

ブク
ブク

トム……、
一体どんな実験をするつもりなの？

スッ

ニヤッ

ザワ
ザワ
ピンポン球には何の変化もないけど……。
何してるんだろう？
ザワ

ポン

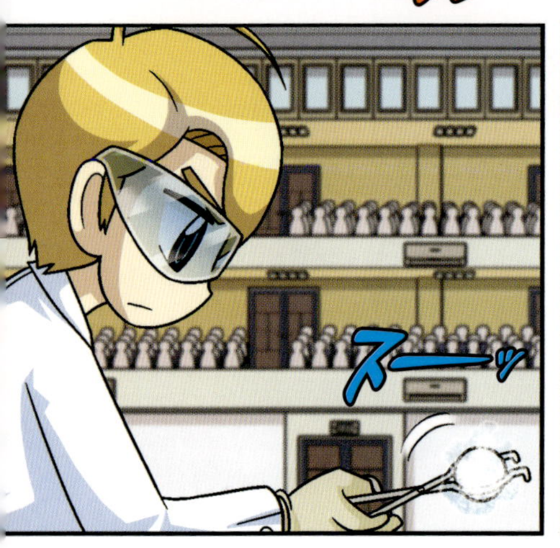
スーッ

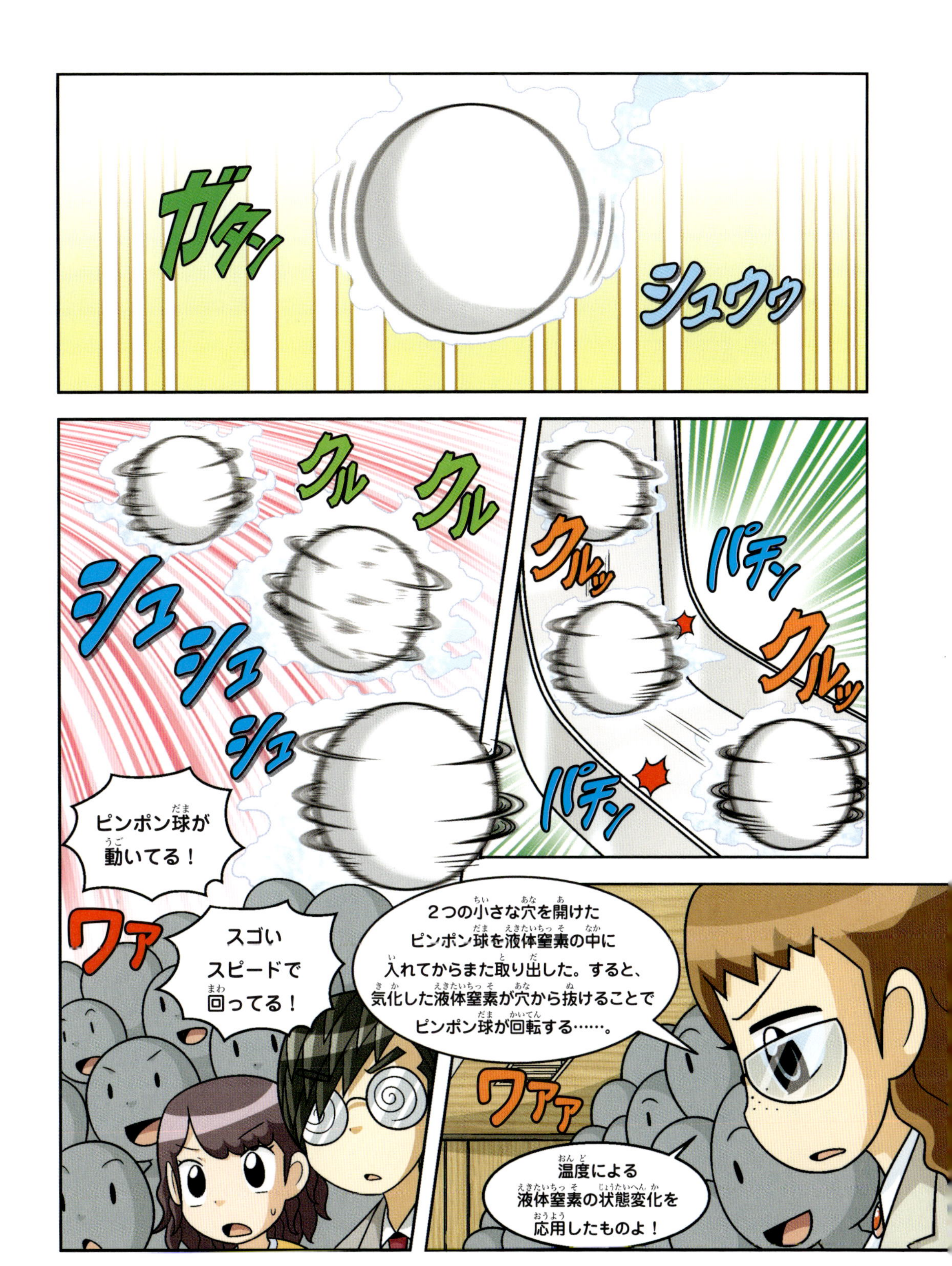

ガタン
シュウゥ
クル クル
シュシュシュ
クルッ
パチン
クルッ
パチン
ピンポン球が動いてる！
2つの小さな穴を開けたピンポン球を液体窒素の中に入れてからまた取り出した。すると、気化した液体窒素が穴から抜けることでピンポン球が回転する……。
ワァ
スゴい スピードで 回ってる！
ワァァ
温度による液体窒素の状態変化を応用したものよ！

２つ目の
ピンポン球だ！
ザワ
あれも液体窒素に
入れるのね！
ザワ

スッ
ブク
ブク

シュウゥ
コトッ

シュルル
シュウゥ
クル
クル

机の下の方に
落ちたけど？
ピンポン球が
進んでいく！
オオ
ポン
クルクルクル
クルクルクル

ワァァ
ポン
ストン

あれ見て!!
ポン
ポン
シュルル
それぞれ
自分の場所に
向かってる!!

10個目のピンポン球が入った。
ポン
ストン
シーーン

スタスタ
ポン

ザッ

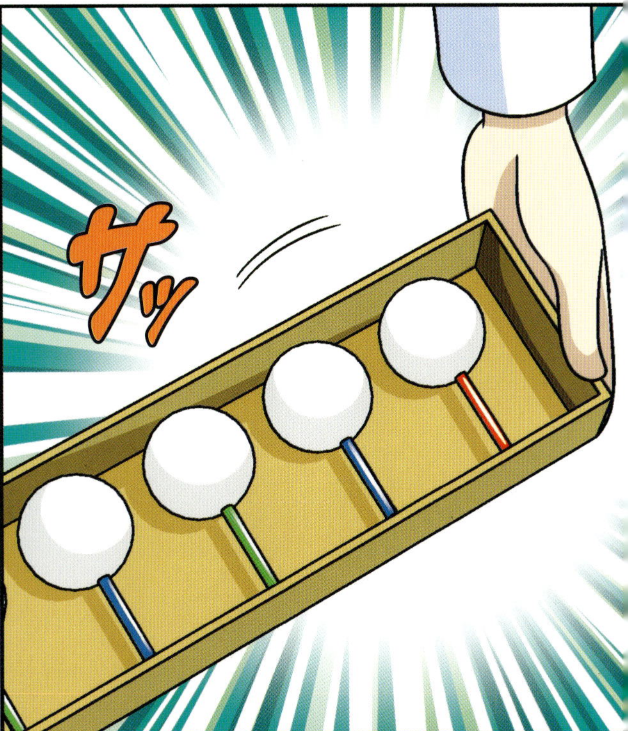
サッ

ビリッ

まさか……!!
あの形は……。

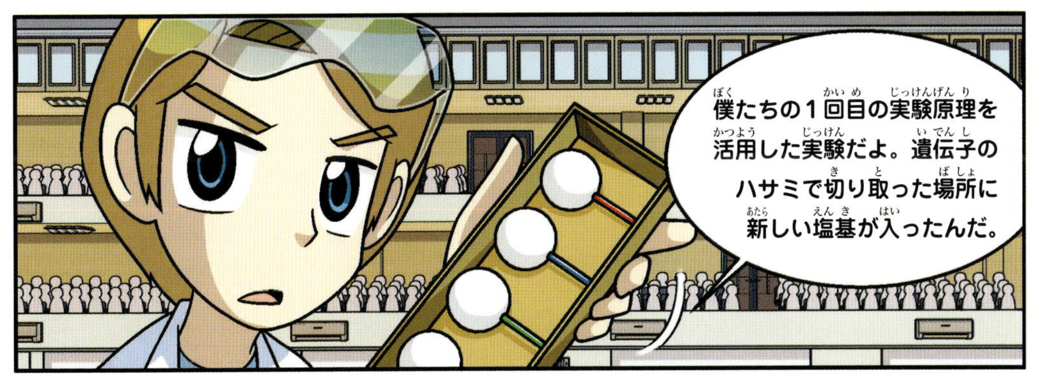
僕たちの1回目の実験原理を活用した実験だよ。遺伝子のハサミで切り取った場所に新しい塩基が入ったんだ。

プツッ
プツッ
ピンポン球は……、新しい遺伝子だったのね！
遺伝子のハサミで切り取られた部分が新しい遺伝子に入れ替わること！
つまり、新しい遺伝子の誕生……。

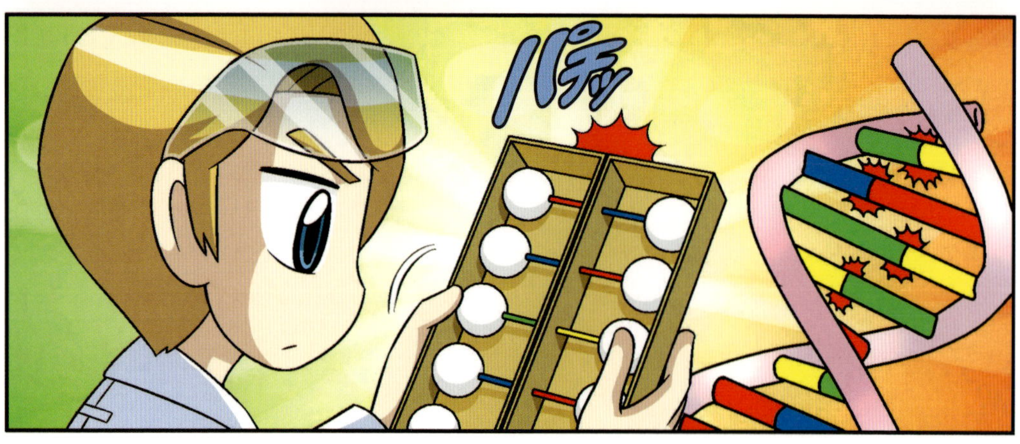
パチッ

ザッ
ワァ
ワァァ
完璧な仕上げだ……。
新しい遺伝子が誕生した！
韓国Bチーム!!
これで君たちはおしまいだ……！
フッ
さすがトム。
実力だけは認めるわ！

宇宙の天体

宇宙は恒星と惑星、衛星、彗星、星雲など多様な物体で構成されています。このように宇宙に存在するすべての物体を「天体」といいます。天体にはどのような種類があるのか一緒に見てみましょう。

銀河

恒星とブラックホール、星間物質などが重力によって縛られている天体の群れを「銀河」といいます。銀河は宇宙を成す基本単位で、形態と特性を考慮して「楕円銀河」、「渦巻銀河」などに分けられます。私たちが住んでいる太陽系を含む銀河は「天の川銀河」といいます。

天の川銀河の想像図

恒星・惑星・衛星・彗星

中心部の核融合反応を通じて自ら光を放つ天体を「恒星」といいます。一般的には「星」ともいわれ、代表的な例として太陽が挙げられます。天の川銀河だけで約2000億個の恒星があると推定されています。「惑星」は自ら光を放つことができず、恒星の周りを回る天体を意味します。私たちが暮らしている地球も惑星に分類され、恒星である太陽の周りを周期的に回っています。一方、「衛星」は惑星の周りを回る天体であり、代表的なものに地球の周りを回る月があります。報告されているだけで、太陽系には約290個の衛星があるといわれています。「彗星」は、太陽に近づいたときに、ガス状の輝く長い尻尾を出すのが最大の特徴です。太陽を焦点として長い楕円や放物線に近い軌道を描いて動くものが多いです。

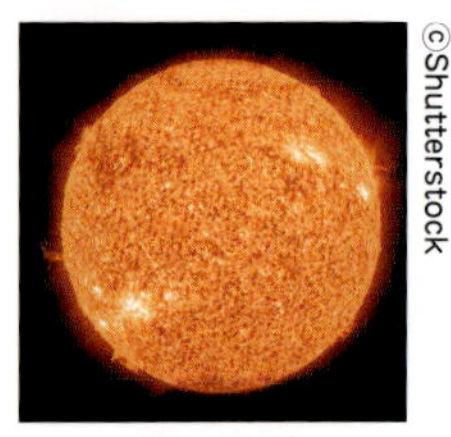

恒星—太陽

惑星—地球

衛星—月

日本で観測された彗星

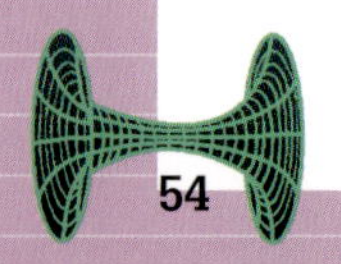

星間物質・星雲・暗黒物質

星と星の間の空間を埋めている物質を「星間物質」といいます。水素とヘリウムを主成分とする星間ガス、宇宙塵などがあります。星間物質が１カ所に集まると、雲のような形をした「星雲」になります。構成成分や見え方などによって暗黒星雲、輝線星雲、反射星雲など、いくつかの種類に分けられます。星間物質が集まって新しい星が誕生したり、寿命が尽きた星が再び星間物質になったりします。

©Shutterstock

イータカリーナ星雲の一部

「暗黒物質（ダークマター）」は宇宙の４分の１を占めると推定されていますが、まだ正体が明らかになっていない物質のことです。科学者たちは継続して暗黒物質を検出する試みをしており、暗黒物質の正体が明らかになれば宇宙の多くの秘密が解けると予想しています。

ブラックホール・ワームホール・ホワイトホール

黒い穴という意味の「ブラックホール」は、光さえ抜け出せないほど強い重力を持つ天体のことです。2019年、電波望遠鏡によって初めて撮影に成功したことが発表されました。ブラックホールは質量の大きい星が進化の最後の段階で限りなく収縮し、中心部の密度が非常に高くなるにつれて生じます。「ホワイトホール」はブラックホールとは逆に、すべての物質を吐き出すだけの穴を意味します。しかし、ホワイトホールはまだ実際には観測されていません。そしてブラックホールとホワイトホールを連結する通路を「ワームホール」といいますが、数学的にはワームホールを通じて時間旅行が可能だそうです。

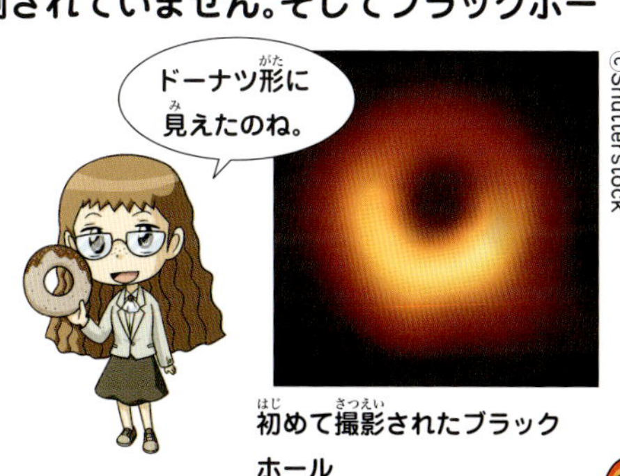

©Shutterstock

初めて撮影されたブラックホール

第3話

もしかしたら新しく出合うことになる宇宙

コクッ
コクッ
そ、そんな……。
オオ〜、アメリカチーム！序盤の心理戦は少し卑怯だったけど、実験の実力はさすがだね。2回目は10点満点を取りそう。
オ〜
ワァァァ

韓国Bチームが10点満点で、アメリカチームがマイナス1点だと……。0.5点差で韓国Bチームが勝てるわ。
どうしたらマイナス点になるんだい？

もう韓国Bチームの逆転は不可能なんじゃない？
ピカッ

ガバッ
バン
このバカ、バカ、バカ～!!
バン
バン

ウォンソ！ アメリカチームを甘く見るなってあれだけ警告したのに！どうしてあんなバカげた実験を選んで自ら敗北を招くの!? なんでいつもやりたい放題なの～!!!!!
グハハッ
イヤだけど。
一緒に実験したくない。
気にしないで。

だからあいつのことを好きになったんだろ？
何？

あんな選択をするにはやっぱり勇気が必要だから……。
勇気～？

あんたの目にはあれが勇気に見える？ あれは無謀な欲張りなの！ やりたい実験と勝利の両方を得たいという無謀な欲張り！
この厚かましい顔を見てよ！

イヤ。あいつは今回の選択で失うものが何なのか正確に知っていたんだ。それでも自分が望む実験を選択したのさ。それが勇気じゃなければ何なのさ？

ウォンソ、そうだったの？
そういえば……。

まあ……、ほんのちょっと、その勇気がうらやましかったりするけど。
チェッ

クスッ
そうだ。私はウォンソのそんな勇気が気に食わなかったんだ。
ウォンソはその勇気のおかげでホンや私じゃなくて、今のチームを選んだんだから……。

うらやましがらなくていいよ。君も十分勇敢だから。
え？
私が勇敢ですって？

セナ、君はウォンソじゃなく、本当に好きな人を選んだじゃないか。まさに僕！
確かに。私も実験の時は勇敢な方よね。チームメイトをしっかりリードしたり……。
ソヨソヨ

何？ あの2人、急に雰囲気が明るくなった。アメリカチームが減点されるのを想像してるのかな？
アメリカチームじゃなく……、

何!?
韓国Bチームが減点されそうだけど。
ハッ

あれって……、
一体何？
ワァ～
カチャッ
ブーン

ヘエ～
ウワ～！
これ本当に動くんだ！
羽根がなくても風が出てる。
羽根のない扇風機！
どうして風が
出るんだ？
ビュー

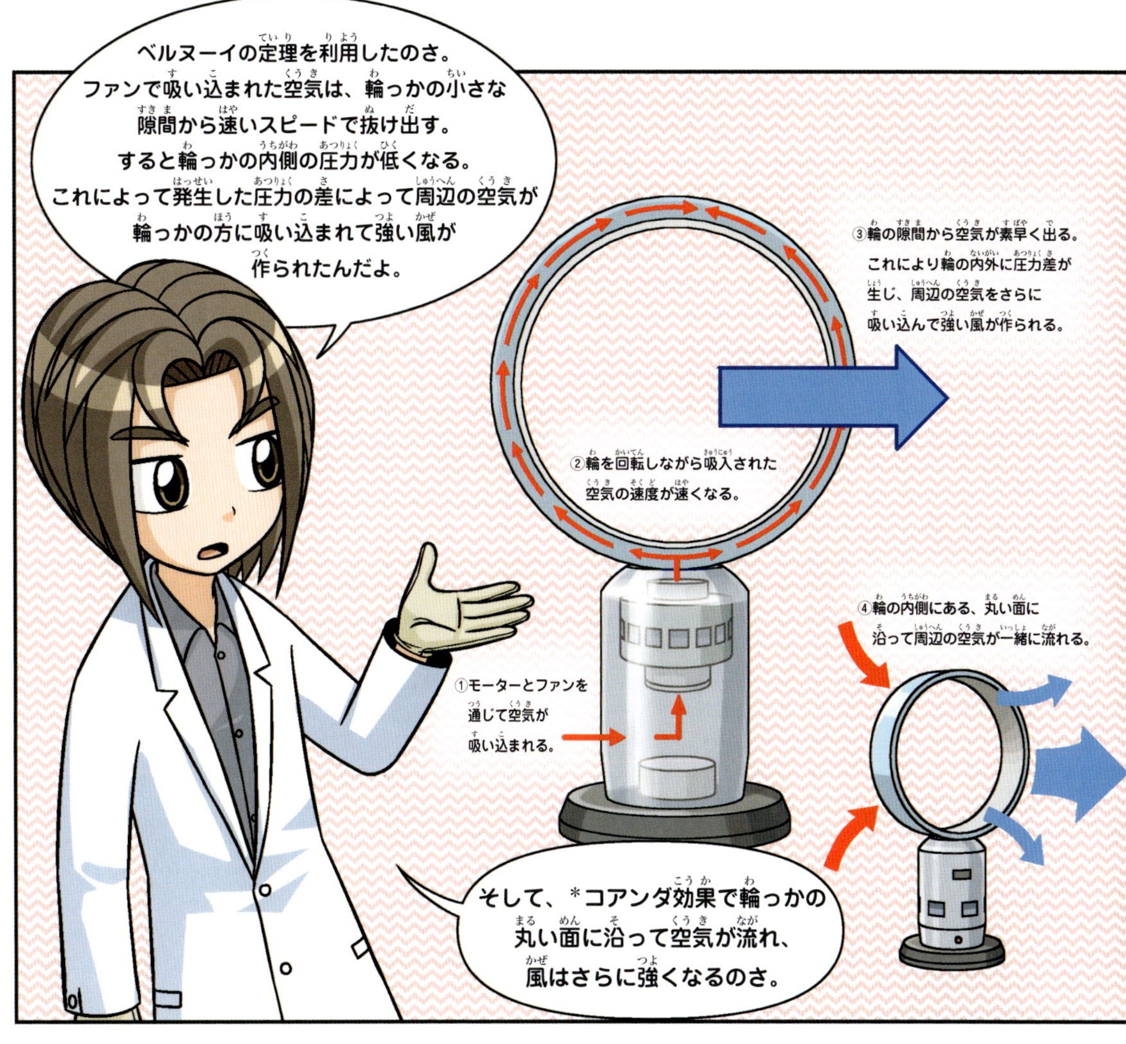

＊コアンダ効果：流体が曲面に沿って流れるとき、その曲面に「引き寄せられる」現象。

でも、実はちょっと急いで
作ったから……、圧力にうまく
耐えられるか心配なの。
謙遜
しないで！

ブルブルブル
あれ？
何の音？

ウワッ！ 急にどうした？
壊れそう!!
ブルブル
ブルブルブル
ジジッ

ザワ
ザワ
機械が
壊れそう。
手直しする時間は
なさそうだけど……。
ザワ
……。
実験が終わるまで
耐えられるのかな？

キョロ キョロ
一度モーターを
切った方が……。
イヤ。すぐに実験を
始めた方がいい。
ブラックホールを
つなげよう。

ブラックホール!?

ジマン！ すぐにブラック
ホールをくっつけて！ いつこの
ポンコツが爆発するか
わからないから～！
ワー
ワー

ポ・ン・コ・ツ!?

き、
聞こえた？
ポンコツ……？
ハッ

ウォンソ、これ
ブラックホール!!
これは
ホワイト
ホール!
コクッ

グズグズしないで!
ポンコツが爆発する前に
早く完成させなきゃ!!
ウィイイイッ
ウィイッ
ブル ブル ブル

ブル
ブル
ブル
ビイイイイ
ジイイ

ホワイトホールも
完成した。
ブラックホール
装着完了!
サッ
サッ

グラ
グラ
ブル
ブル
ブル
ブル
ブル
ブル
ブル

ウジュ！ 次は星間物質の番よ！
そうだ、星間物質！

頼んだぞ！
チュッ

スーッ
ウィイイ

ゴクッ
星間物質

コトン

ピンポン球が
空中で浮いた！

サッ
星間物質
フワ
フワ

ビューーン
がんばれ！ そこがブラックホールだ。光さえ抜け出せない強大な重力によって、あらゆる物質を吸い込む天体！

注）この実験で示されているような理論は正しさが証明された訳ではありません。
次はブラックホールが回転してできた仮想の通路、ワームホール！ ブラックホールに吸い込まれた物質はワームホールに移動するんだ。
ギューーッ
スッ
トン……
よし！ ワームホールを通過した。
ワームホールの先端にはホワイトホールがつながっているの。ホワイトホールは、すべてを吸い込むブラックホールと違って、すべてを吐き出す天体なの。
つまり、星間物質はホワイトホールを通じて別宇宙に抜け出すの。
トン……

コトン
星間物質
こうやって星間物質は別の宇宙に移動するのよ。
この対決が終わったら……、私たちも別の私たちになるハズ！

他にもあるかもしれない。
別の宇宙……。
僕も知ってる。君と僕は昨日と同じではないってこと……。

これで
僕とラニは
完全に友達の
ままだね！
ワームホールと
ホワイトホールは
理論上でのみ存在する
天体だよ。まだ完全に
証明されていない。
ウックッ
スーッ

空気読めないの？
もしかしたら
永遠に証明できない
かもしれない。
イラッ
スーッ

何？ じゃ、僕らの
実験は全部ニセモノって
こと !?
そうじゃない。
オラ
ビューン

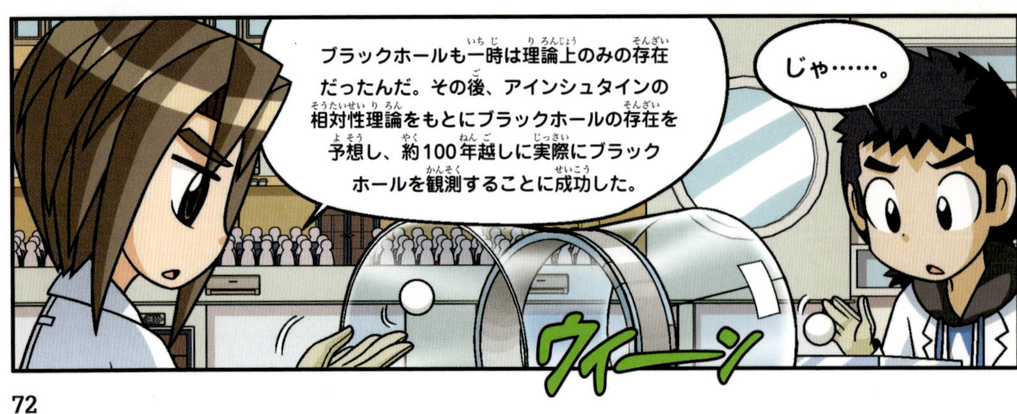
ブラックホールも一時は理論上のみの存在
だったんだ。その後、アインシュタインの
相対性理論をもとにブラックホールの存在を
予想し、約100年越しに実際にブラック
ホールを観測することに成功した。
じゃ……。
ウイーン

僕らの実験のように、ブラックホールを通じて別の宇宙を見つけることもできそうだね？
いつかは……。
ポトン
ウィーーン

フッ
確かに……、それはスゴく遠い未来で可能だと思う。もしかしたら数千、いや、数億年かかるかもしれない。
ポトン
僕らはその宇宙を見られないんだね……。
代わりに私たちの子孫が見られるわよ。
どうかな……、もしかしたら僕らも見られるかも。
スーッ

＊宇宙背景放射：宇宙のあらゆる方向から同じ強度で放射されている電波。ビッグバン宇宙論の正しさを示す有力な証拠。

そして今日、宇宙は超高温・超高密度の小さな火の玉の状態から始まったという理論に到達したんだ。それがまさに「ビッグバン宇宙論」さ。
ビッグバン
約138億年前、非常に高い温度と密度の状態から宇宙は始まった。
素粒子でいっぱいの宇宙空間が生まれた。
ロシア出身のアメリカの物理学者
ガモフ
膨張宇宙論を発展させ、宇宙のあらゆる瞬間と空間は火の玉状態で始まったという「ビッグバン宇宙論」を提唱した。

思ったより短い時間で、
宇宙についてたくさんのことを
発見したんだね。

だからもしかしたら……、

ポトン
僕らも一緒に、
新しい宇宙が見られる
かもしれない。

ピンポン球10個、
全部成功した！
もし僕らが一緒に
新しい宇宙を見られる日が
来たら……。

ワァァ
ピィィ
ワァァ
ワァァ
ワァ
その日はたぶん……、
今この瞬間と
同じ気分のハズ！

ビッグバン宇宙論

宇宙は非常に小さく、超高温・超高密度の火の玉状態から始まったとする理論。その後、宇宙はどんどん膨張し、今日の宇宙になったというものです。ビッグバン宇宙論は、「ハッブル-ルメートルの法則」と「宇宙背景放射」などから確からしいと考えられています。また、現在では、ビッグバン宇宙論に、「インフレーション理論」（誕生後のごく初期に、宇宙は急膨張したとする理論）を組み合わせた形が宇宙の標準モデルとされています。

宇宙の生成過程

❶宇宙の誕生
約138億年前、宇宙は誕生したと考えられているが、詳しいことはわかっていない。

❷急膨張（インフレーション）
誕生後のごく初期に、宇宙は急激に膨張した。

❸ビッグバン
急膨張を引き起こしたエネルギーが熱に変化して、超高温・超高密度の火の玉状態である「ビッグバン」になった。また、物質を構成する素粒子である「クォーク」が生まれた。

❹陽子・中性子の生成
クォークが互いに結合し、原子核を構成する陽子と中性子ができる。

❺原子核の生成
陽子や中性子から水素やヘリウムなどの原子核ができる。

❻原子の生成
電子が原子核と結合して、原子ができる。宇宙空間を満たした水素とヘリウムガスの間から光が通り抜ける。

❼宇宙背景放射

電子が原子核と結合したことで、
それまで電子に邪魔されて直進できなかった
光が真っ直ぐに進めるようになった。
そのときの光が現在の地球で宇宙背景放射として
観測されている。

❾現代宇宙

地球を含む太陽系は
天の川銀河に属する。
宇宙は現在も膨張し続けている。

宇宙が膨張
している！

❽星と銀河の生成

重力によって物質が集まり星と
銀河が作られる。
その際、星で核融合反応が
起こる。

第4話

さよなら、そして こんにちは

では、2回目の対決の結果を発表します！

韓国Bチーム！ブラックホールを利用してピンポン球10個を新しい宇宙に移動させたので、10点追加！
+10
パッ

アメリカチーム！
10個のピンポン球で新しい
遺伝子の誕生を示したので、
10点追加！
+10
パッ
よって……。
フッ

韓国Bチーム
アメリカチーム
82.5
93
ドン
韓国Bチームとアメリカチームの準決勝は……、
合計82.5点対93点で、
アメリカチームの勝利です!!

あっ……。

残念……。

シト
シト
……。

ウム……。

シーン

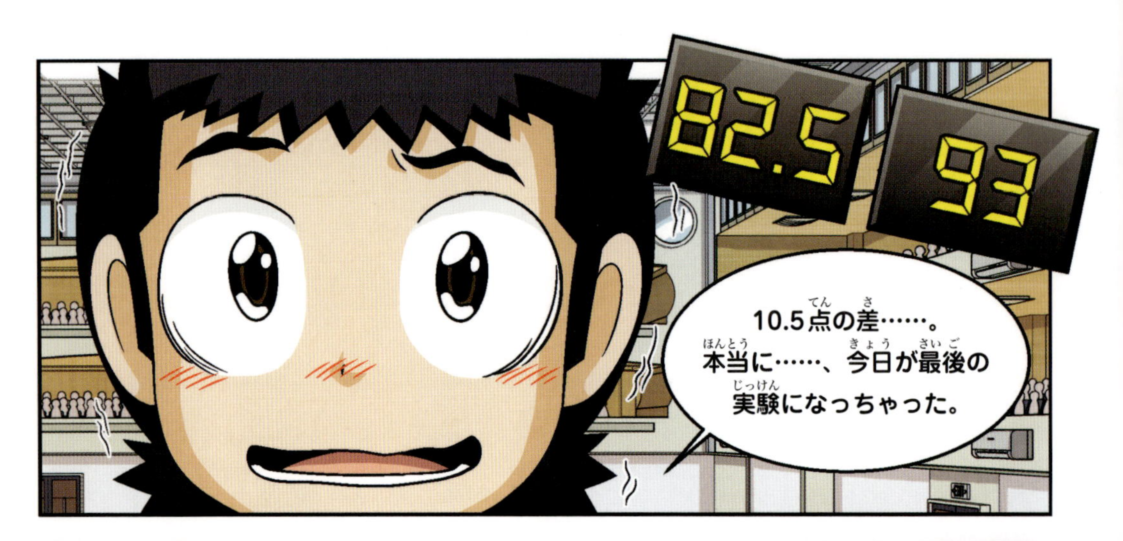
82.5
93
10.5点の差……。
本当に……、今日が最後の
実験になっちゃった。

みんな……、今回の実験も
とっても面白かった。
ザワ
うん！
いつものようにね。
ウルッ
最初から最後の
実験までみんな
宝物なんだ……！

一生忘れられない。
僕たちが共に過ごした
時間全部……！

最高のチームだ！
韓国Bチーム、ありがとう！
パチパチ
よくやった、韓国Bチーム！
パチパチ
パチパチ
本当に素晴らしかった!!
パチパチ
お疲れさん！
みんな～！
応援してるよ！韓国Bチーム!!
パチパチ
パチパチ
パチ
ウエ～ン
パチパチ
パチパチ
勝ったのに変な気分。
この雰囲気何なの？ 勝ったのは私たちなのに……。
トムの言った通り、簡単な相手じゃなかった。
ボリッ

今日の気分は大事じゃない。
僕たちは明日優勝した時に
喜べばいいから。

僕にとって
重要なのはただ１つ。
優勝だけさ！
クルッ

気分なんて大事
じゃないって……。
トム！

まだ行ったらダメ
だよ。インタビュー、
忘れた？
動揺してる
みたい。
こんなトム
初めて見た。
早く
戻って～！
ピタッ……
ハッ！

ブウウウ〜
お知らせ

うん……？

国際実験オリンピック
〜対決結果のお知らせ〜
韓国BチームVSアメリカチーム
韓国Bチームの敗北
決勝戦のお知らせ
アメリカチームVS韓国Aチーム
明日午前11時
ついに……、

この時が！
ジ〜ン

こうしている場合じゃない！この喜びを分かち合わなければ！
ガチャッ

校長先生！あかつき小の実験クラブがついに負け……！
キャッ

えっ？ どこ行くんですか!?
どこって！あかつき小の校長の所じゃよ！
キャキャ
ビュン

ワシがこの日をどんなに待ち望んだことか～!!
ハハハハハハハハハ
ビューーン

ハァ
ハァ
サッ

逃げるだと？ 急用ができてだな……。
サッ
ああ、急いでいるよな。明日、実験クラブが帰ってくるから準備が山のようにあるじゃろう！

ウワッ！ 何するんだ！ ひくところだったろ！
ビクッ
君はそんなに急いでどこへ行くんだ？ そのオンボロ車で！
まさかワシから逃げる気か？

ウル
もうその話が耳に入ってるのか？ ウチの子たちが……。
ウル
コクッ
コクッ

ウウウッ
フッ

そうだ。
失望が大きいじゃろう！
初心者実験クラブのくせに
優勝を狙って、ひどい目に
あったからな！ もう現実を
受け入れるんじゃな。

チーン
ウッ、
感激しすぎて
つい涙が……！
全部わかるよ。とても
ガッカリ……、
……じゃなく
感激？

何だって？
フン
まさかあんた……、
今回の結果に
満足してるのか？
そう。君もよく知っているだろ？
ひよっこ実験クラブなのに、
一気に国際実験オリンピックの
ベスト４にまで勝ち上がる
なんて……。スゴく
誇らしくてね。
ウウッウッ
負担も
大きかった
だろうに。

当然満足してるよ！ ベスト4まで進出しただけでも奇跡じゃないか！
ウッ……
ウウッ

なんて弱気なんだ！ あの子たちがウチの生徒だったら、ワシは絶対この結果に満足できなかったハズじゃ!!

えっ？ それってどういうことじゃ？
クルッ
あの子たちの輝きを君は見なかったのか？ ウォンソの知能とラニの調整力、ジマンの情報力、ウジュのインスピレーション！ みんな実験クラブに最適な才能じゃぞ！ 何よりあの子たちが一緒にいる時に生じるシナジーはスゴかった！ そんな実験クラブは、100年に1度出るか出ないかの奇跡じゃぞ！
完璧で最高!
めっちゃ最高!

じゃ、君は……、ウチの子たちがいくらでも優勝できる可能性があると言ってるのかい？
その通り！
やっとわかったのか？

絶対このまま満足してはいけない！ この奇跡の実験クラブをモデルにして、第２、第３の実験クラブを養成すべきだ！ そうすれば、最高の実験名門校になれる……。
ハッ

待て！ ワシは今何を言ってるんじゃ!?

パッ
そうか！ 君の言う通りだ。どうしてワシは気がつかなかったんだろう？ 彼らはお互いの潜在能力を引き出せる、スゴいシナジーを持ったチームだってことを!!
ビクッ

お主の言う通り、ウチの学校を実験名門校にするよ！
イヤ、違う！ そんなこと望んでいない……。
感謝、感謝！
グッ
一体ワシは何をしゃべったんだ……。

対決翌日
チリン

勝利よりも大切なことを選んだ韓国Bチーム！今日、本当に進化したのは君たちのチームだった。
チリン

家に帰ったらそこであったことがすべて夢のように感じられるよ。今日までいい夢を見な。

韓国Bチーム、僕の努力もむなしく負けてしまうなんて！君たちは僕に借りがあるからな。忘れんなよ。
ハァ

もう家に帰れるから満足？それで満足なの!!!!!
ゼイゼイ
ギシギシ

チリン
チャットルームにウチのチームの決勝戦の応援は1つもない……。

チリン

チリン

これまで食べ物が口に合わなかったと思うけど、家に帰ったら食べたいものを思う存分食べてね！

……。
残念、残念！もうおいしい食べ物が食べられないなんて！
バクバク
ウン！
ムシャムシャ

ゲップ
これ以上は食べられない。残りは持って帰らなきゃ！
ガバッ
ウジュ、ほっぺが破れそう。

みんながこんなに励ましてくれてるから、私たちもコメントするのはどうかな？
コクッ
そうだね。

みんなの気持ちはわかったから、もう放っておいて。
タプタプ
チリン

ワア……、ウォンソらしい。
カンリムさんが退室しました。
チリン
健在だね。
ユウトさんが退室しました。
もう寝なきゃ。
ブラッドさんが退室しました。
チリン
チリン
チリン
ルーさんが退室しました。
ジェウォンさんが退室しました。
チリン
セナさんが退室しました。
これで静かになる。
チリン
ごめん、みんな……。

モグ
モグ

うん？
モグ
モグ

フッ

ムシャ
ムシャ
ムシャ
ムシャ
……。
ピタッ

な、何見てるんだ！！？
トムもあと１日だね。
ムシャムシャ

「あと」１日だって？「とても大事な」１日さ！
君らにはやってこない優勝の日！！

もちろん僕にとっても大事な１日だよ。このおいしい食べ物を最後に味わえる大事な１日！
コクッ
カチン
食べ物……！？

面白い。優勝と食べ物を同じレベルで考えるなんて。

どうして？ 優勝と食べ物は別の世界だけど、両方ともとても大事だよ！
優勝
＝
食べ物
ほぼ同レベルだよ～！

さあ、
持ち帰りの品だよ！
ドン
ワア！
ありがとう～。

スッ
ウッ

トムも後悔しないよう
たくさん食べときな。
この味は絶対
忘れられないハズ！
タタッ

ハア、あいつは
何者なの？
負けたことより
食べ物の方が
惜しいみたい。
今日だけを
生きてるヤツ
だからさ。

イヤ。ウジュ（宇宙）にも
未来はあるよ。
ゴクッ
クルッ

宇宙はますます膨張している。
その未来は……。
ウジュと宇宙は違うだろ……。
膨張せずにそのまま維持されるかもしれないし、
平坦な宇宙
膨張を続けて冷たくなってしまうかもしれないし、
開いた宇宙
もしかしたら、今度は収縮して1つの点に戻るかもしれない。
閉じた宇宙
宇宙にはいろいろな未来があるよ。ただ予想できないだけさ。
フッ……
そうさ。僕たち2人のうち1人は決勝で予測できなかった未来に出会うだろうね。

やっと
相手になるチームに
会えたよ。
ジェウォン。
君に勝つのは
朝飯前さ。君と僕は
似ているからね。

韓国Bチーム
とは違って……。
え？
キラッ

ち、違う！ 変わった。
あいつの目の色がまるで
……。
ピタッ
ウジュじゃ
ないか!?

そうだよ。少し前まで、僕は優勝だけが自分の存在価値を示せる唯一の方法だと信じていたんだ。でもウジュのアドバイスを聞いてからは……。
アメリカチームみたいに、君もまったく発展してないね。
ハルが提案した実験にしよう！
以前とはまったく違う選択をするようになったんだ！
ニコッ

ピタッ
ジェウォンも、ウジュも……。

初めて会った時からスゴく変わった。僕だけが同じまま……。

じゃ、決勝戦も
がんばって！
じゃあね～。
バイバイ！

でも……。
一番の強敵に
なってるだろうね。
あいつら、また
会うころには……！

また必ず会いたい!!

一体いくつ持ってくの？
バイバイ！
ウジュ、ウォンソ、ラニ、ジマン！
必ずまた会おう！

ビッグバン直後を再現する「大型ハドロン衝突型加速器」

「大型ハドロン衝突型加速器（LHC）」は、ビッグバン直後の状況を再現する目的で作られ、周囲が約27kmにも達する世界で最も大きな科学実験装置です。スイスのジュネーブとフランス国境にまたがって位置する欧州合同原子核研究機関（CERN）が建設しました。実験に参加した科学者の数はおよそ1万人に上ります。LHCに関する概念と実験方法について一緒に見てみましょう。

大型ハドロン衝突型加速器（Large Hadron Collider, LHC）

実験目的　ビッグバン直後の状況を再現して宇宙誕生の秘密を解く。

実験過程
❶円周は約27kmに及び、深さ約50～175mの地下の環状トンネルに設置されている。2008年9月に稼働を開始。
❷トンネルからそれぞれ反対方向に陽子を投入し、ある時点で陽子を衝突させ、巨大なエネルギーを発生させるビッグバンの瞬間を再現する。
❸これらの実験により、2012年にヒッグス粒子と推定される物質が発見され、翌13年のノーベル物理学賞につながった。

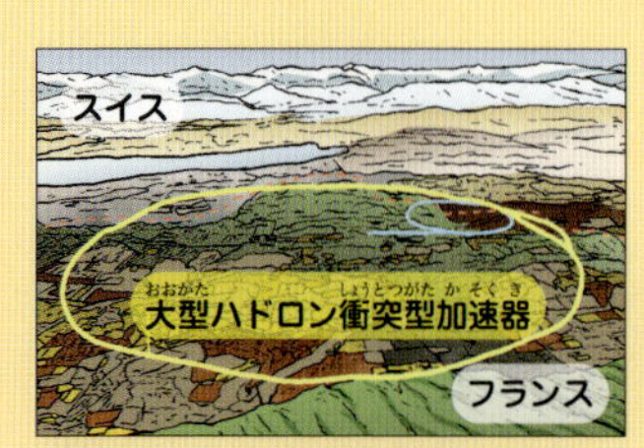

大型ハドロン衝突型加速器の位置

トンネル内の大型ハドロン衝突型加速器

ⓒShutterstock

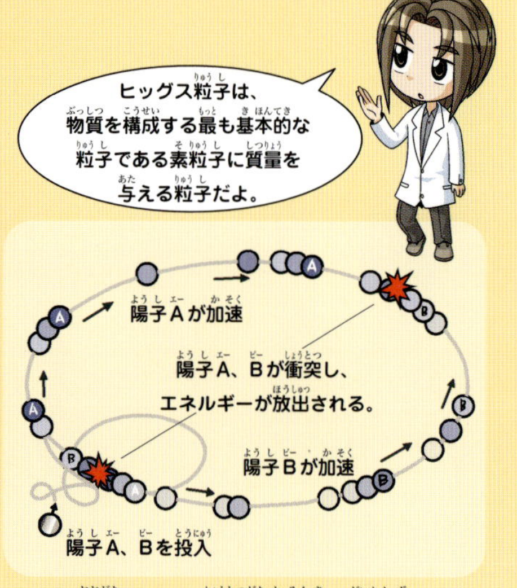

大型ハドロン衝突型加速器の概念図

実験の意味　陽子が衝突する際に発生するエネルギーは、ビッグバンの瞬間のエネルギーと同じである。したがって、この実験で宇宙誕生時点の状態と、その結果、作られた素粒子が何なのか確認することができるのではないか、と期待されている。

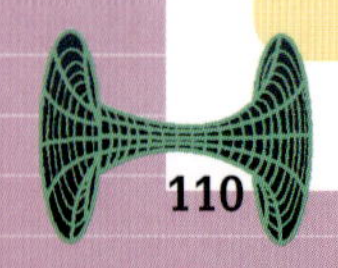

博士の実験室１

時間旅行

ビューン

宇宙船に乗って光の速度で飛行すれば未来に行ける。

ブラックホールでは、時間がゆっくり進む。

未来旅行：相対性理論の時間遅延効果などを利用

第5話

目に見えないプレゼント

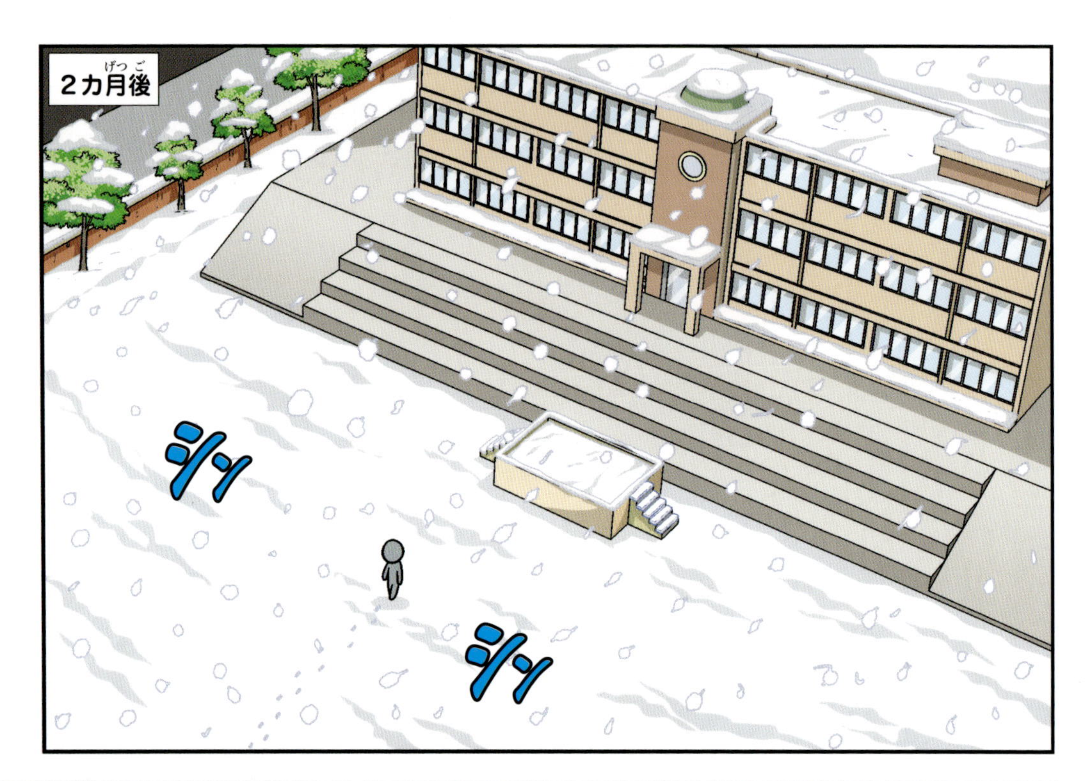
2カ月後
シン
シン

ギュッ
ギュッ

ハァ

大講堂
……。

まだ誰も来てないようだ。
スーッ

キーッ
サプライズ！驚いただろ！!?
祝
祝

国際実験オリンピックベスト4
パン
パン
優勝なんてうらやましくない!!
早くおいで！
ずっと待ってたぞ。
みんな、お帰り！！
先生、会いたかった！！！
ワァ
ウジュ……、ワシは？

祝
あかつき小実験クラブ
ワァ
ウォンソ　ラニ　ジマン　ウジュ
とても誇らしいよ！
ウォンソ見て！さらにカッコよくなった！
キャア
歓
迎

ジマン、お前テコンドー部に入る気はないか？
うん、ない。
ウォンソ！私と写真１枚だけ撮ってくれる？
やめとく。
フッ
ラニ、会えてうれしい!!
うん、私も！

みんな遅いな。
スーッ

もう……、
2カ月も経つのか。
……。

ウォンソ、
ちょっと時間ある？
話があるの。

今日が最後の日だなんて……。本当に実感が湧かない。
うん。
今？
コクッ
ウォンソ。
ウォンソ!!!
ビクッ

ああ、こうなると思った！
またメッセージ
読んでないだろ？
電話も
したのに！

ついて来て！
ガシッ

集合場所が変わったんだ！ お前のせいでみんな待ってるよ。
スタッ
スタッ
スタッ

一体
どこに行くんだ？

とりあえず
行ってみればわかる！
ココよりも華やかな
所だよ。
バーン
ジャーン

ザワ
ザワ
ザワ

こんにちは、太陽小とあかつき小のみなさん！
今日は、実験クラブの歴史的瞬間を共に分かち合いたいと思います。
まもなく国際実験オリンピックの優勝特別賞の人工衛星が打ち上げられます！
ワァー
パチ
パチ
パチ
ブスッ
合同祝賀会だが忘れるなよ！今日の主役は、わがあかつき小の実験クラブじゃということを！
エ～イ
そんな寂しいことを言うなよ。今日の主役は科学を愛するすべての生徒たちじゃよ。
寂しいことだって？もちろん主役はわが……。
スタッ

ワアァッ!!
やっと来た！
待ってたよ！
すぐ始まるよ。
さあ、今日の主役を紹介します!!

国際実験オリンピックで堂々の優勝を果たした……！
ウアアア
優勝？

未来小の実験クラブの
みなさんです!!
何!?
ヒュウウ〜
こんちは〜！

ワァ
特別に、私たちと一緒に
人工衛星打ち上げの
中継放送を見ることに
なりました！
未来小は国際実験オリンピックの
決勝で、なんと７点差でアメリカ
チームを下して勝利をつかみ
取りました！
ハハハ
僕の友達だよ。

だから、なんで
わざわざココまで
来たんだ〜！
意外な反応だな。
僕たちも大変な決意を
して来たのに……。

オイ、ジェウォン！
どうしてココにいるんだ？
学校はどうしたんだ!?
ヒュッ

私たちの決勝戦見なかったの？
当然見たよ！アメリカチームと対決して、圧勝したんだろ！
自慢してるの？

あの日、僕たちもよかったけど、アメリカチームは動揺してたんだ。
君らとの準決勝の後、チームワークが崩壊したみたいだったよ。
コクッ

そうなの？
アメリカチームがウチとの対決でチームワークが乱れて、そのおかげで君たちが楽に優勝できた、ってこと？じゃ、みんな僕たちのおかげだね？
言い過ぎ。
全部が君らのおかげじゃなくて……。
何だ？

僕らの優勝のサポーターくらいにしておこう。
やっぱりそうだったのか。
フ〜ン
ウジュのアドバイスのおかげで、ウチのチームワークがよくなったし。

それで君たちに渡す
プレゼントを持ってきたんだ。
優勝の喜びを
分かち合うために。
ニコッ

プレゼント
……!?
えっ?

ガシッ
優勝賞金を
半々にしようって
ことだね!?
超感動

イヤ、僕たちが
持ってきたのは目に
見えるありきたりな
プレゼント
じゃないよ。
ええ
……?
じゃ、未来小
実験クラブに話を
聞いてみましょう。
ジャーン

ウジュ、静かにしろ!!
ジェウォン、ふざけんなよ!昔からプレゼントは両手いっぱいにって決まってるだろ!!!
目に見えないプレゼントだなんて!

ドン
この世に存在するものはすべて目に見えるという錯覚を捨ててください。宇宙はいつも私たちと一緒にありますが、普段の私たちには宇宙が見えないのと同じです!!
え?

みなさん……。
シーン

宇宙の方だよ。
ウジュ(宇宙)? 僕ならココにいるけど? 無視してるの??
あれが感想なの?
何……?
さむ〜

＊ルメートル：ベルギーの宇宙物理学者。ハッブルよりも先に同様の法則を発表した。

もっと簡単に言うと……、
もっと簡単？
今、打ち上げられる人工衛星は私たちが見たことのない宇宙を見せてくれ、新しい世界があるということを認識させてくれるでしょう！
それに……、
ゴオオオ
この人工衛星の名前は、新しい世界に向かう私たちを象徴します!!!
人工衛星の名前は国際実験オリンピックの優勝チームであり、韓国の未来を担う未来小……、
ついに人工衛星が打ち上げられます！

ワァ
ワァァ
人工衛星の名前が！！
あれ見て！！
ハッ！名前が！？
ビクッ
未来小と……。
あかつき小……！？
あかつき小号！？

ウチの学校名も書かれてる!!
ゴオオオオオ
未来小&あかつき小号
未来小&あかつき小号!!!
フッ

栄光は
分かち合わないと。
主催者側に
許可をもらって
名前を一緒に入れて
もらったの！
ウチのチームの
メンバーがみんな同じ
意見だったんだ。
ハハ

僕らが考え出した
新しい世界は
「私」と「君」を超え、
「私たち」を
認識すること！

ジェ、ジェウォン、君って……！
変なヤツだと思ったけど、
スゴいヤツだったんだね！！！
フフッ
ガミガミ！
これは無効だ！
絶対認めない！！
あかつき小の名前は
すぐに消せ！
マイクを切って
言いなよ……。

ゴォォ
未来小＆あかつき小号
僕たち、一緒に飛んでる！
あの遠い宇宙に向かって!!
飛べ、
あかつき小号!!!
パッ
未来小＆
あかつき小号
だぞ！

風船で宇宙の膨張について知る

実験報告書

実験テーマ

風船を利用した簡単な実験を通じて、宇宙膨張の原理を理解してみましょう。

準備する物

❶距離記録紙　❷シール３枚　❸風船１個　❹鉛筆
❺物差し

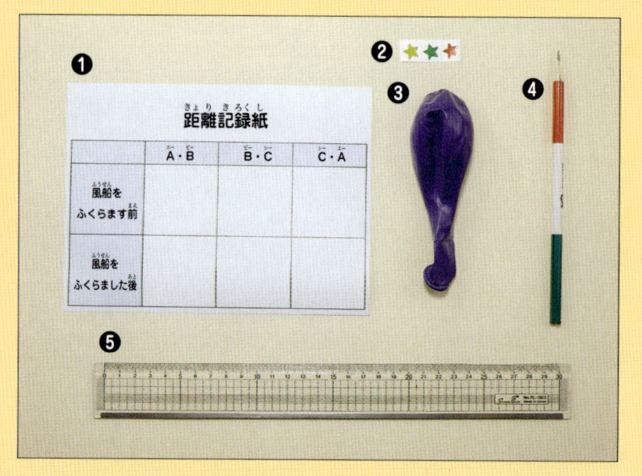

実験予想

風船が大きくなるほど、シールとシールの間の距離が空くのを観察できるでしょう。

注意事項

❶ 面積が大きく接着力が強いシールを使うと風船が破裂することがあるので、面積が小さく接着力の強くないシールを使ってください。

❷ シールの距離をよく比較できるように、大きい風船を使用してください。

❸ 風船が割れないよう、適当な大きさに風船を膨らましてください。

実験方法

❶ 風船にシールを３枚貼り、それぞれA、B、Cと設定します。
❷ 物差しでシールの間の距離を測定し、距離を記録紙に記入します。
❸ 風船を適当な大きさまで膨らました後、口をしばります。
❹ 物差しでシールの間の距離を測定し、距離を記録紙に記録します。
❺ 風船を膨らます前と膨らました後の距離の違いを比べてみましょう。

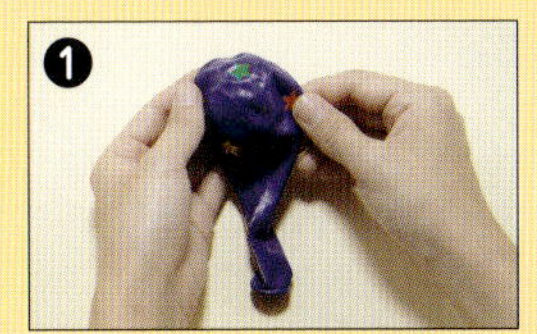

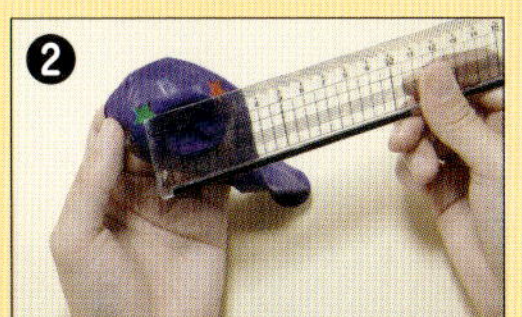

❺ 距離記録紙

	A・B	B・C	C・A
風船をふくらます前			
風船をふくらました後			

実験結果

風船を膨らますと、シールの間の距離がさらに空きました。特に、お互いに離れていたシールの間の距離がさらに空きました。

どうしてそうなるの？

この実験では、現在も宇宙が絶えず膨張しているという考え方を体感できます。実験では、風船は宇宙に、シールは数多くの天体の集まりである銀河に例えることができます。ビッグバン以降、宇宙は膨れ上がる風船のように膨張し続け、それによって銀河同士が徐々に遠ざかっています。

宇宙はずっと膨張し続けているの！

第6話

ラニの告白

わいわい
がやがや
これで、わがあかつき小の名が宇宙に浮かぶことになる！まさに夢のようじゃないか？
フン

何？それはまさか……。
そうだ！
グイッ

ゴクッ
あんたには夢のようだろうさ！でも最近は、人工衛星を打ち上げるくらい、そんな難しいことでもないさ！
ゴクッ

フフフ
いつでも太陽小の名をつけた人工衛星を打ち上げられるってことさ！
フフッ

そうやって目的もなく人工衛星を打ち上げると、宇宙ゴミの問題がさらに深刻になると思いますよ？
宇宙ゴミ？
はい！ 地球の周りの宇宙空間を漂うゴミのことです。役目を終えた人工衛星やロケットの部品のほか、衛星の運用後に残っていた燃料による爆発、宇宙ゴミ同士の衝突による破片などがあるんです。
宇宙ゴミは高度800～850kmの間に多く集まっている。
多くの科学者たちが、宇宙ゴミを処理するために、網を使った除去や掃除衛星、粘着剤を使った掃除方法を研究しています。
2009年 ロシアとアメリカの人工衛星が衝突し、大量の宇宙ゴミが発生。
1997年、アメリカのロケット「デルタ」の破片がアメリカのオクラホマ州に落下。

ハッハッハッハッ
まさにそういうことだ！だからワシは太陽小の人工衛星を打ち上げないんじゃよ!!
やはりそういう話だったのか。

宇宙ゴミがこれだけ深刻だと、むやみに人工衛星を打ち上げられないな。
ニヤッ
ま……、

オイ、ウォンソ！ これだけは知っとけよ。僕が優勝してもお前らの名前を一緒に書いてあげただろうってことを！
ハハハハ
ハワウゥゥ
なぜ泣いてるんだ？

そうだね、君が優勝することも絶対ないだろうし。
そうさ!!! 僕はお前らの名前を書くような愚かなマネは絶対しない～!!
ムカッ

信じられないね。
グサッ
な、何……？

基本よ。あなたたちもそうじゃない？
本当？そんなにたくさん練習するの？
ついて来るな。
お前がそんなこと言ったらダメだろ！ 一番可能性がなかったチームがベスト4になったんだから！
ゼイゼイ
ガヤ
ガヤ
ところでジェウォンのヤツ、どこに行ったんだ？
キョロ
キョロ
もうジマンの方が情報が多いと思うけど……。
ウリ、僕がいない間、新しい情報なかった？
ヒソ
ヒソ

ガチャッ

あれ!?

スタッ
ジェウォン、
ココだったのか？
1人で何してるんだ？
ナッツ
食べな。

ところで
優勝した気分はどう？
国際実験
オリンピックで
優勝することが
夢だったんだろ？

また宇宙人との交信方法を
探しているの？
フッ……
ドサッ

優勝はただの目標で、
夢じゃなかったんだ。
夢が叶ったら
うれしいだろうけど、
全然そうじゃないんだ。
ボリ
ボリ

目標を達成した後、
押し寄せる虚無感や、
早速明日から何を
すればいいかわからない
寂しさ？
ボリ
ボリ
ボリ
ボリ
フーン
チェッ、
そんなものか。

ハッハハハ
僕はそう思って優勝をあきらめたんだ！目標があってこそ前進する楽しみがあるよね!!
バン
バン

ジェウォンはこれからどうするんだ？次の目標はどれだけ難しいの？
次の目標はもう決めたんだ。
クルッ

毎日、自分がどんな人になるかを選ぶのが、僕の新しい目標なんだ。
チェッ……
何言ってんだ？
キラッ
毎日、何を選ぶだって？

ウジュ、君のおかげで立てられた僕の新しい目標だよ。毎日毎日僕がどうやって生きていくのか、自分で選ぶんだ。
フッ……
よくわかんないけど、素晴らしい目標のようだね。がんばって！
ファイト！
ウン

ウジュ！
ココにいたのね？
キーッ
あれ？ ラニ。

ガバッ
チョロンは明日、早朝練習があって早く行かなくちゃいけないんだって。
あいさつしようと思って。

こんなに寒いのに、早朝練習までするの？

うん！ 1日でも練習をサボると私じゃない他の人になった気分なの。
コクッ
コクッ
そ、そうだね〜。練習は自分を守る力だよね！

へぇ……。
私たちもこの機会に
早朝練習をしてみない？
ウジュ、どう思う？
何!?
じょ、
冗談だろ!?
ゲッソリ〜
……。
……。
毎日、電話で
実験理論のテストを
するだけでも
大変なのに。
あ、そうだ！ 今日は
テストできなかったから、
明日は２日分ね。
えっ!?
クルッ
そうだ！
優勝おめでとう。
ジェウォン。
ドキン!

行こう、
チョロン。
校門まで送るわ。
ありがとう。
エ〜ン、ラニが
変わった……。
ハァ〜

チョロンも変わった！
ニュッ

ビューン

ジェウォン……、それって今僕の前でする話？

ウウッ

片思いの人と一生友達として接しなきゃならない僕の気持ち、わかる？

ラニ……。

どんなプレゼントをくれたのか、もう忘れたの？人工衛星だよ！
ああ、それ？

それはウジュへのプレゼントじゃないけど？別にあるんだ。

別にあるって？
スーッ
じゃ、やっぱり……。

賞金か～!?
フッ……
イヤ、それとは比べ物にならない。

あの日……、覚えてる？君らが準決勝でアメリカチームに負けた日。
国際実験オリンピックの最後の日？もちろん覚えてるさ。

その夜、僕は、翌日開かれるアメリカチームとの対決の準備をするため、星を観察しながら宇宙背景放射を計算していたんだ。
スーッ
スッ
カチン
宇宙背景放射は、宇宙のあらゆる方向から均等にやってくる電磁波のことでね。宇宙が高温と高密度の状態から生まれたというビッグバン理論の根拠になっている。
ちょっと待って！今、宇宙背景放射の話は関係ある？
イヤ、少し聞いて。そのとき、ラニとウォンソが現れたんだ。僕は不本意ながらラニの告白を聞くことになったんだ。

話したいことがあるの。
ラニの告白……？
やっぱりあの日……、ラニがウォンソに告白したのか……。

クルッ
ウォンソ、ありがとう！
え？

私ね……、ウォンソと出会う前は他の人に愛されるのが一番の幸せだと思ってたの。
パチ
パチ
がんばったね。よくやった！
ラニ、最高！
パチ
賞状
パチ
親や友達、先生からの関心と愛が一番大切だったの。

でも、ウォンソ、あなたのことを好きになってから……。

愛はもらうよりあげる方が、
ずっと幸せになれることに
気づいたの。
カッコいい〜！
ワァ
ウォンソに
何かあげたい。
勇気を出すのよ、
ラニ！
ドキドキ
ウォンソ、私と
一緒にニュートンの
公演に行かない？
それで……、
あなたにありがとうって
伝えたくて。

別の愛に気づいたの。
ヒュウウ
そしてそのおかげで……。
別の愛？
ピタッ
スーッ

私自身に対する愛。その愛を通じて、自分がどんな人なのかがわかったし、自分を心から愛する方法を学ぶことができたの。

コクッ
うん……。

その愛に気づかせてくれたのは……、僕じゃないんだね？

サアアア

何!? 別の愛？
ラニに別の愛ができたけど、それが自分自身だって？ それに、その愛に気づかせてくれたのが……。
ウォンソじゃないって？ じゃ、一体誰なんだ!?
ま、まさか……！ 僕!?
ラニが好きな人は僕ってこと!?

僕が聞いたのはここまで。
この先は、自分で
直接聞いて。
フッ……
何!?

待て～！
ジェウォン!!
タタタッ

つまり、ラニが
好きなのは
僕ってこと!?
プレゼントが
中途半端だぞ！
残りも早く
教えてよ！
ダダダ
スススス―ッ
ファイト！
自分の夢は自分で
見つけ出さなきゃ。
がんばって～。

キョトン
キョトン
ワア……。

ウジュ特別講義
シーン

ここまでが、後輩の君たちが聞きたがっていた僕の人生物語！初恋成功談ともいえるね。

ガバッ
ウジュ先輩！ 尊敬します!!
夢と愛の両方をつかんだ
先輩は、やっぱり私の
ロールモデルです～!!!
とてもいいね。人を
見る目がある後輩だ。
君も来年、僕のように
なれるよ。
コクッ
コクッ
フフッ

ウッ……
ラニ先輩が何か変なものを
食べたんじゃない？ どうして
ウォンソ先輩じゃなくて、
ウジュ先輩が好きなの？
でも、面白かったよ。
前世の体験談って
いうか。
これ何？ 初恋の話なんて
誰が頼んだ？ 時間の
ムダだったね……。
小さな声で言いな！
全部聞こえてる!!

フッ
時間のムダ？
前世の体験談……？
ウォンソ先輩??
この子たちはまだ僕の
真価を知らないようだ。
ならば……！

そう！ むやみに１人の言葉だけを信じてしまうのは実験クラブの正しい姿勢じゃない！
サッ

実験クラブなら、科学的に観察して推論して、過去と未来のことまで調べるべきだよ！
フッ
過去と未来……？
超能力みたいなもの？
君たちはすでに君たちが生まれる前の世界と、
僕らの子孫が生きていく次の世界を知っている。科学的推論を通じてね！
地球の誕生
宇宙の未来
太陽の寿命
ズラ
ズラ

どうだい、後輩たち！これで尊敬の心が芽生えたかな？
フフ
フフフ
……。

さすがウジュ先輩！宇宙の誕生から約38万年後、クォークから水素原子ができたのよね。
クォーク
陽子、中性子
水素

な、何だって……？クォーク？ 水素？
うん？

そうだね。爆発して約３分の間に水素やヘリウムの原子核ができるよね。そして約38万年後、宇宙の温度が下がって宇宙空間を自由に漂っていた電子が水素やヘリウムの原子核につかまる。電子の動きが落ち着くと、光が自由に広がるようになったんだ。
光
約38万年後

そうやって広がり始めた光が宇宙背景放射だろ。
そうね。
コクッ コクッ
この子たちは一体何者？
ガーン

でも私たちが今見ている星の光は
すべて過去から来たんだよね。
距離というタイムマシンに乗って私たちに届いたワケ。
星の光が地球に到着した瞬間、
すでにその星は違う光を放ってるの。
ウジュ先輩も
そうなんじゃ
ない？
過去の光を
今の光だと
錯覚しているの
かも……。
スーッ

カチン……
こ、この子たちには
歯が立たない!!!
ガン見……

ガチャッ
ウジュ、ココか？
ハッ、
この声は
……？

ピカー
ウワッ、
まぶしい！

ワァァ
ウォンソ先輩だ！
フム……。

ちょうどよかった。
ウォンソに会えてこんなに
うれしいなんて！
クルッ
講義中だったのか。
後で来るよ。

待って！
ウォンソが証言してくれよ。
僕の本当の恋は、
ラニが僕を好きになった
ことで完成したって！
そうだよね？ だろ？
サッ
僕の名誉が
かかってるんだ！

そうだ。ウジュの恋は
そうやって完成したんだ。
クルッ
えー
さすが！
ホラ！ 言った
通りだろ!!
その表情は
何だ？

何……???
カチン

でも僕の恋は
始まったばかりだ。
え？

キャー！ なんてこと!!
それはつまり、
ウォンソ先輩も愛に
目覚めたってこと？
気になる！
まさかその相手が
ラニ先輩!?
鼻の穴、
でかい。
カシャッ
カシャッ
じゃ……、
三角関係!?
ウォ、
ウォンソ
……。
ガタ
ガタ

今のは何なんだ？
まさか負けを
認めないってこと!?
サッ

だったら
……？
怖いのか？
スッ

ブハハ！
こ、怖いのかだと？
僕が!?
何を言ってるんだ!!
いくらでもかかって来い！
でも、なぜ体が
震えてるんだ!?
ハハハ！
面白い！

ウジュ！
2人とも、
ココにいたのか。
スタ
スタ
あれ？
ラニ！ ジマン！
クルッ

校長先生が
新しくできた
実験室に
集まれって。
じゃ、もう
来年の日程が
発表されたって
こと？
うん、
そうみたい。

じゃ、
今から……。
行こうか？
うん！

今からまた始まるぞ!!
行くぞ!!!
これまで『実験対決』を応援していただき、ありがとうございました。

宇宙時代をリードする宇宙産業

人工衛星や宇宙船、宇宙ステーションなど、宇宙の開発に必要なさまざまな機器を作ったり、このような機器を活用して支援する分野の産業を「宇宙産業」といいます。宇宙産業は宇宙技術の発達とともに急速に成長しています。宇宙時代をリードする宇宙産業について見てみましょう。

宇宙産業の発展段階

宇宙産業は、さまざまな産業と連携して発展しています。経済協力開発機構（OECD）は、宇宙産業の発展を５段階にまとめています。

第１段階	第２段階	第３段階	第４段階	第５段階
1950年代、米国とソ連を中心に、安全保障や軍事、探査を目的に宇宙開発競争が始まる。	1970年代、軍事用技術をもとに、観測、衛星通信など民間・商業目的の宇宙技術の開発が進む。	民間商業目的の宇宙技術の拡大時期。衛星通信が農業・海洋など、さまざまな分野に拡大される。	位置情報などのデジタル技術を活用した宇宙産業の範囲の拡大時期。さまざまな国で宇宙開発が推進される。	人工知能とビッグデータを組み合わせた宇宙技術の開発時期。宇宙探査が活発になる。

民間宇宙開発企業の成長

宇宙産業の発展に伴い、宇宙開発の主体は次第に政府から民間に移っていきます。代表的な民間宇宙開発企業の１つであるアメリカのスペースＸは、2020年５月、有人宇宙船「クルードラゴン」を国際宇宙ステーション（ISS）に送ることに成功しました。特にこの宇宙船は、政府ではなく民間企業が打ち上げた最初の有人宇宙船であることと、管制センターから監視・制御できる完全自動であることに大きな意味があります。スペースＸは、一般人の宇宙旅行を本格的に推進すると明らかにしています。民間の宇宙開発企業が成長し、新しい宇宙時代が開かれることが期待されています。

宇宙旅行ができる日も遠くないぞ！

ⓒ聯合ニュース

スペースＸの有人宇宙船を載せたロケットの打ち上げ

博士の実験室2

地球に似た惑星

宇宙には、地球に似た環境の惑星が存在する可能性があるんじゃ。
それに、宇宙人が存在することもありうる。

1．宇宙はあまりにも大きくて広い。
2．宇宙には数多くの天体が存在する。
3．水が存在する惑星がある。
4．小惑星、彗星などを通じて宇宙空間に生命が広がる可能性がある。
5．人類が宇宙で唯一の知的生命体という証拠がない。

特別エピローグ

実験室
何度もビッグバン、ビッグバンって……。
はい！ 韓国Bチームはブラックホールの実験を披露しています。ブラックホールはビッグバン宇宙論と……。
一体ビッグバンって何よ？
ビッグバン？
ワア!!

見つけた！ ビッグバン宇宙論!!

探してみよう。
新しく見つかった惑星の名前じゃない？
宇宙に関連してそうだけど……。

フム……。やっぱりあかつき小の実験クラブを引き継ぐのは難しいのね。私はウジュ先輩のようになるのが夢なのに。
心配しないで！ ウジュ先輩は最初、重力も知らなかったって。

火の玉状態……、クォークと水素……、宇宙背景放射……。何のことだか、さっぱりわからない。
何かはわからないけど、スゴく難しいことみたい。さすが先輩たち！ これを全部知ってるってことだろ。
フム
これを理解するには数年はかかりそう。
まずは丸暗記する？
ファイト
ファイト
そうね！ 丸ごと覚えちゃおう !!
私たちもできる！

しばらくして
約38万年後、水素原子ができたのよね。
電子の動きが落ち着くと、光が自由に進めるようになったんだ。
距離というタイムマシンに乗って私たちまで届いたってことね。
この子たち……、僕より知識があるじゃないか !?
オオ、全部覚えたのね？
手のひらに少し書いておいた。
ガガーン

ブラックホールを通じた時間旅行で、霊の存在を明らかにできるんじゃないかな？
霊？ 天使のようなもの？
それに僕よりずっと大きな夢を持ってる！
宇宙人どころか霊まで……。
ヨロッ

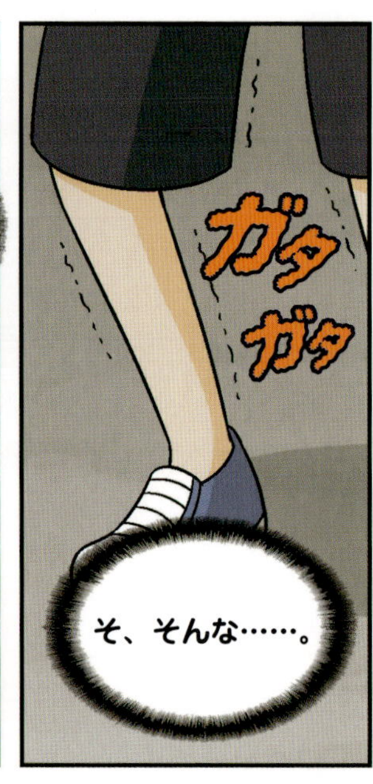
ガタ
ガタ
そ、そんな……。

僕は国際実験オリンピックのベスト４でうぬぼれていたのに……。後輩たちはすでに僕らの先を行っている!!
現実の様子
二酸化炭素が見えないけど？
どこに隠れた？
よく探してよ！
みんな安心して！ 二酸化炭素はもともと目に見えないんだって！
ガチャッ
僕らもココで止まっちゃダメだ!!

今からまた始まるぞ！
行くぞ～！！
ドーン

きっとなれるさ！
私たちも先輩たちのようになれるかな？
ワア、後ろ姿もカッコいい。
ザッザッザッ
そうね、私たちも行こう～！！！
『実験対決』新シリーズもお楽しみに。

あとがき

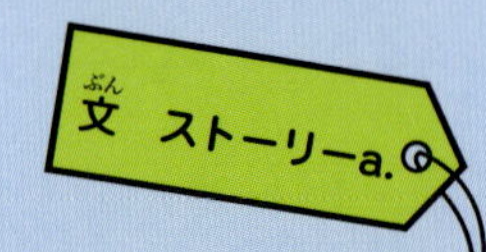

こんにちは。僕は『実験対決』のウジュだよ！

僕が初めてウォンソの車をひっかいたのが昨日のことのように思えるけど、いつの間にか国際実験オリンピックが終わるなんて信じられないね。

これまで大変なこともあったけど、ほとんどはとても楽しい時間だった。

こんな僕と同じ時間を過ごしてくれて、応援してくれたみんなにありがとうと伝えたい。本当にありがとう！（100％本気だよ！）

そんなわけで、みんなに実験の達人になれる秘訣を教えてあげる。

それはまさに「百聞は一見に如かず」だって信じること。

何でも実際にやってみないとわからないという意味にもとれる。

それが本当の実験じゃないかな？ ソル先生が僕の才能に一目で気づいたのもそんな僕の信じる気持ちのおかげだよ。

まあ、それでも僕はまだ長い道のりを行かなくちゃいけない。世の中を知るために、しなきゃいけない実験がまだまだ多いんだ。実験を続けていれば、いつかみんなにまた会えるよね？ そのときは、みんなももう実験の達人だろうけどね。

じゃ、その時までみんな元気で！

PS. また会う日まで僕のこと忘れないでね！
約束だよ!!

ウジュより

絵　洪鐘賢

これまで『実験対決』を読んでくださった読者のみなさん、ありがとうございました！

日本語版編集協力　東京大学サイエンスコミュニケーションサークルCAST
株式会社ブックブライト　岡本典明

㊿ 宇宙の対決

2025年２月28日　第１刷発行

著　者　文　ストーリーa.／絵　洪鐘賢
発行者　片桐圭子
発行所　朝日新聞出版
〒104-8011
東京都中央区築地5-3-2
編集　生活・文化編集部
電話　03-5541-8833（編集）
03-5540-7793（販売）

印刷所　株式会社リーブルテック

ISBN978-4-02-332337-7
定価はカバーに表示してあります

落丁・乱丁の場合は弊社業務部（03-5540-7800）へ
ご連絡ください。送料弊社負担にてお取り替えいたします。

Translation：HANA Press Inc.
Japanese Edition Producer：Satoshi Ikeda
Special Thanks：Kim Da-Eun / Lee Ah-Ram
(Mirae N Co.,Ltd.)

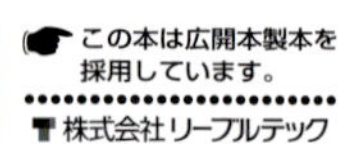

読者のみんなとの交流の場「ファンクラブ通信」は、クイズに答えたり、投稿コーナーに応募したりと盛りだくさん。「ファンクラブ通信」は、サバイバルシリーズ、実験対決シリーズ、ドクターエッグシリーズの新刊に、はさんであるよ。書店で本を買ったときに、探してみてね!

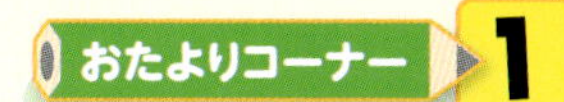

ジオ編集長からの挑戦状

作ろう!

みんなが読んでみたい、サバイバルのテーマとその内容を教えてね。もしかしたら、次回作に採用されるかも!?

例

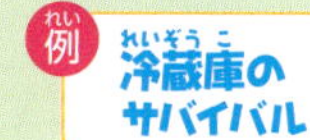

何かが原因で、ジオたちが小さくなってしまい、知らぬ間に冷蔵庫の中に入れられてしまう。無事に出られるのか!?(9歳・女子)

おたよりコーナー 2

キミのイチオシは、どの本!?

サバイバル、応援メッセージ

キミが好きなサバイバル1冊と、その理由を教えてね。みんなからのアツ〜い応援メッセージ、待ってるよ〜!

例

鳥のサバイバル

ジオとピピの関係性が、コミカルですごく好きです!! サバイバルシリーズは、鳥や人体など、いろいろな知識がついてすごくうれしいです。(10歳・男子)

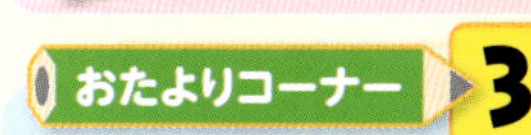

上手い!

みんなが描いた似顔絵を、ケイが選んで美術館で紹介するよ。

例

みんなからのおたより、大募集!

❶コーナー名とその内容
❷郵便番号 ❸住所 ❹名前 ❺学年と年齢
❻電話番号 ❼掲載時のペンネーム(本名でも可)

を書いて、右の宛先に送ってね。
掲載された人には、
サバイバル特製オリジナルグッズをプレゼント!

●郵送の場合
〒104-8011 朝日新聞出版 生活・文化編集部
サバイバルシリーズ ファンクラブ通信係

●メールの場合
junior @ asahi.com

件名に「サバイバルシリーズ ファンクラブ通信」と書いてね。

ファンクラブ通信は、サバイバルの公式サイトでも見ることができるよ。

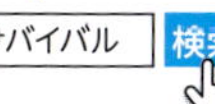

※応募作品はお返ししません。
※お便りの内容は一部、編集部で改稿している場合がございます。

「科学漫画サバイバル」シリーズが読めるサイト

サバイバル図書館

お気に入りのタイトルを見つけよう!

いつでも「ためし読み」

「科学漫画サバイバル」シリーズのすべてのタイトルの第１章が読めます

期間限定で「まるごと読み」

サバイバルや他のシリーズが１冊まるごと読めます

最初は大人と一緒にアクセスしてね!

※読むには、朝日ＩＤとサバイバルメルマガ会員の登録が必要です（無料）